中等职业技术学校农林牧渔类

林业技术专业教材

GUOJIAJI ZHIYE JIAOYU GUIHUA JIAOCAI

森林防火

人力资源和社会保障部教材办公室　组织编写

赵登军　主编

中国劳动社会保障出版社

图书在版编目(CIP)数据

森林防火/赵登军主编. —北京：中国劳动社会保障出版社，2013
中等职业技术学校农林牧渔类林业技术专业教材
ISBN 978-7-5167-0678-7

Ⅰ.①森…　Ⅱ.①赵…　Ⅲ.①森林防火-中等专业学校-教材　Ⅳ.①S762.3

中国版本图书馆 CIP 数据核字(2013)第 243271 号

中国劳动社会保障出版社出版发行
(北京市惠新东街 1 号　邮政编码：100029)

*

三河市潮河印业有限公司印刷装订　新华书店经销
787 毫米×1092 毫米　16 开本　6.25 印张　130 千字
2013 年 11 月第 1 版　　2025 年 12 月第 3 次印刷
定价：12.00 元

营销中心电话：400-606-6496
出版社网址：http://www.class.com.cn
http://jg.class.com.cn

前　　言

为深入贯彻落实《国家中长期人才发展和规划纲要（2010—2020年）》和《国家中长期教育改革和发展规划纲要（2010—2020年）》精神，适应建设社会主义新农村、加快发展现代农业的需要，加大培养适应农业和农村发展需要的专业人才力度，人力资源和社会保障部教材办公室组织了一批教学经验丰富、实践能力强的教师与行业专家，在充分调研、讨论专业设置和课程教学方案的基础上，编写了农林牧渔类相关专业系列教材，共涉及种植、养殖、农机使用与维修、林业技术、农村经济管理、农村能源开发与利用等专业，将于2011—2013年陆续出版。

本套教材具有以下特点：

第一，以满足农业生产为主导方向，以培养学生实践能力为基本原则，在合理确定学生应具备的能力结构与知识结构基础上，对教材内容的深度、广度进行了科学设计，并突出了实践性教学内容。

第二，根据农村经济和农业技术发展的趋势，尽可能多地在教材中充实新理念、新知识、新方法和新设备等方面的内容，力求使教材具有鲜明的时代特征，满足新农村建设的需要。

第三，在教材的表现形式上，尽可能多地采用图片、实物照片或表格等将知识点、技能点生动地展示出来，力求给学生创造一个更加直观的认知环境。

本套教材的编写得到了黑龙江省人力资源和社会保障厅以及黑龙江技师学院、哈尔滨技师学院、佳木斯技师学院、哈尔滨劳动技师学院、伊春技师学院、中国一重技师学院、黑龙江机械制造高级技工学校哈尔滨分校、五大连池高级技工学校、黑龙江农业职业技术学院、黑龙江农业工程职业技术学院等一批技工院校和职业院校的大力支持，教材编审人员做了大量的工作，在此，我们表示衷心的感谢！同时，恳切希望广大读者对教材提出宝贵的意见和建议。

人力资源和社会保障部教材办公室

2011年7月

简　介

本书为国家级职业教育规划教材。

本书共分六章。主要介绍森林火灾基础知识、森林火灾预防、森林火灾扑救方法、森林灭火安全、森林火灾现场分析与损失评估、森林防火案例分析与法规等内容。本书在传统森林防火技术理论体系的基础上，还吸收了生产和科研上比较成熟的森林防火新技术和新方法，加入了森林灭火的实际案例，具有较强的针对性、指导性、实用性及可操作性，对森林火灾预防和扑救工作具有指导意义。

本书由赵登军担任主编，孙轶烈、代宏岩担任副主编，董文智、刘杰、李苳月、金泽、于兰英参与编写。

目　录

绪　论

森林是人类文明的摇篮，是可持续发展的基础。森林作为可再生资源，是人类生存不可缺少的物质基础，为人类提供木材、竹材、林副产品、药材等，是人类发展的基本保障。但森林经常受到各种灾害的危害，在危害森林的诸因子中又以火灾危害最严重，它会使森林中宝贵的资源瞬间化为灰烬，给森林带来最有害、最具有毁灭性的后果。

目前世界每年发生火灾 22 万次以上，烧毁森林面积 640 多万公顷，占世界覆被率的 0.23%以上。因此，做好森林防火，就是造福人类，就是保护地球生态平衡的一项有意义的工作。

一、森林火灾的含义

森林火灾，是指失去人为控制，在林地内自由蔓延和扩展，对森林、森林生态系统和人类带来一定危害和损失的林火行为。森林火灾是一种突发性强、破坏性大、处置救助较为困难的灾害，它分布广、发生频度高，对森林破坏性极大，危害极深，造成的经济损失相当严重。

二、森林火灾的危害

森林火灾是森林最危险的敌人，会给森林带来严重危害。森林火灾不只是烧毁成片的森林，伤害林内的动物，而且降低森林的更新能力，引起土壤的贫瘠和破坏森林涵养水源的作用，甚至导致生态环境失去平衡。森林火灾位居破坏森林的三大自然灾害（火灾、病害、虫害）之首。具体表现在以下几个方面：

1. 烧毁林木

森林一旦遭受火灾，最直观的危害是烧死或烧伤林木。使森林蓄积下降，也使森林生长受到严重影响。森林是生长周期较长的再生资源，遭受火灾后，其恢复需要很长时间。特别是高强度大面积森林火灾之后，森林很难恢复原貌，常常被低价林或灌丛取代。如果反复多次遭到火灾危害，还会成为荒草地，甚至变成裸地。

2. 烧毁林下植物资源

森林除了可以提供木材外，林下还蕴藏着丰富的野生植物资源。如东北大兴安岭林区的

“红豆”（越橘）和“槲柿”（笃斯越橘）等是营养十分丰富的野果，现已开发了红豆果茶、槲柿果酒等天然绿色食品；利用黄芪做原料而生产出来的“北芪神茶”，以其营养丰富、无污染、滋补功能强等特点而驰名中外。长白山林区的人参、灵芝、刺五加等是珍贵药材。我国南方的喜树可提炼出喜树碱，喜树碱是良好的治疗癌症的药物；漆树可加工制成漆；桉树提炼出的桉油是制造香皂、香精的最佳原料等，不胜枚举。所有这些林副产品都具有重要的商品价值和经济效益。然而，森林火灾能烧毁这些珍贵的野生植物，或者由于火干扰后，改变其生存环境，使其数量显著减少，甚至使某些种类灭绝。

3. 危害野生动物

森林是各种珍禽异兽的家园。森林遭受火灾后，会破坏野生动物赖以生存的环境。有时甚至直接烧死、烧伤野生动物。由于火灾等原因而造成的森林破坏，我国不少野生动物种类已经灭绝或处于濒危。如野马、高鼻羚羊、新疆虎、犀牛、豚鹿、朱鹭、黄腹角雉、台湾鹇等几十种珍贵鸟兽已经灭绝。另外，大熊猫、东北虎、长臂猿、金丝猴、野象、野骆驼、海南坡鹿等国家级保护动物也面临濒危，如不加以保护，有灭绝的危险。因此，防治森林火灾，不仅是保护森林本身，同时也保护了野生动物，进而保护了生物物种的多样性。

4. 引起水土流失

森林具有涵养水源、保持水土的作用。据测算，每公顷林地比无林地能多蓄水 30 立方米。三千公顷森林的蓄水量相当于一座 100 万立方米的小型水库。因此，森林有“绿色水库”的美称。此外，森林树木的枝叶及林床（地被物层）的机械作用，大大减缓雨水对地表的冲击力；林地表面海绵状的枯枝落叶层不仅具有抗雨水冲击作用，而且能大量吸收水分；加之森林庞大的根系对土壤的固定作用，使林地很少发生水土流失现象。然而，当森林火灾过后，森林的这种功能会显著减弱，严重时甚至会消失。因此，严重的森林火灾不仅会引起水土流失，而且会引起山洪暴发、泥石流等自然灾害。

5. 使下游河流水质下降

森林多分布在山区，山高坡陡，一旦遭受火灾，林地土壤侵蚀、流失要比平原严重很多。大量泥沙会被带到下游的河流或湖泊之中，引起河流淤积，并导致河水中养分的变化，使水的质量显著下降。河流水质变化会严重影响鱼类等水生生物的生存。此外，火烧后的黑色物质（如灰分等）大量吸收太阳能，使下游河流水温升高，千万鱼类容易染病。特别是喜欢在冷水中生存的鱼类，火烧后常常大量死亡。

6. 引起空气污染

森林燃烧会产生大量烟雾，其主要成分为二氧化碳和水蒸气，这两种物质约占所有烟雾成分的 90%～95%；另外，森林燃烧还会产生一氧化碳、碳氢化合物、炭化物、氮氧化物及微粒物质，占 5%～10%。除了水蒸气以外，所有其他物质的含量超过某一限度时都会造成空气污染，危害人类身体健康及野生动物的生存。1997 年发生在印度尼西亚的森林大火，燃烧了近一年，森林燃烧所产生的烟雾不仅给其本国造成严重的空气污染，而且影响新加坡、马来西亚、文莱等邻国。许多新加坡市民不得不佩戴防毒面具来防止烟雾的危害。

7. 威胁人民群众生命财产安全

森林火灾常造成人员伤亡。全世界每年由于森林火灾导致千余人死亡。1871 年发生在美国威斯康星州和密歇根州的一场森林大火导致 1 500 余人死亡，1987 年大兴安岭的森林大火死亡 212 人。此外，森林火灾还会给人民群众财产带来危害。林区的工厂、房屋、桥梁、铁路、输电线路、畜牧、粮食等常常受到森林火灾的威胁。

知识窗

据联合国粮食与农业组织统计，世界每年发生森林火灾 26 万次以上，烧毁森林面积 600 万公顷以上，约占世界森林面积的 0.19%。美国、加拿大、澳大利亚、俄罗斯等国家森林火灾严重。美国平均每年发生森林火灾 12.9 万次，过火林地面积 170 多万公顷。我国平均每年发生森林火灾 1.3 万次，累计受害林地面积为 3864 万公顷。

三、森林防火的含义

森林防火就是防止森林火灾的发生和蔓延，即对森林火灾进行预防和扑救。预防森林火灾的发生，就要了解森林火灾发生的规律，采取行政、法律、经济和工程相结合的办法，运用科学技术手段，对其进行综合治理，最大限度地减少火灾发生次数。扑救森林火灾，就是要了解森林火灾发生的规律，建立严密的指挥系统，组织有效的扑火队伍，运用有效、科学、先进的扑火设备和方法，及时发现和扑灭火灾，最大限度地减少火灾损失。

四、森林防火的必要性

1. 森林防火是保护生态环境的需要

森林是人类及野生动物赖以生存的环境，森林在维持和保护生态环境方面具有重要作用。然而，森林火灾会使森林的这些功能减弱甚至消失。因此，防止森林火灾就是保护生态环境。

2. 森林防火是保护森林发展林业的需要

森林火灾位于森林三大自然灾害之首，防止火灾就是保护森林。森林是发展林业的基础，在保护好现有森林资源的基础上，广泛开展植树造林、绿化国土是我国林业所要做的主要工作。目前，国家正在实施的天然林保护工程是我国林业事业发展的里程碑。为了保护现有天然林，国家制定了严格的采伐政策，并由国家财政拨款增加对林业的投入，为我国林业的发展提供保障。

3. 森林防火是构建和谐社会的需要

在林区，森林防火关系到千家万户，森林是林区人民群众赖以生存的物质基础，森林火灾会使森林遭受破坏甚至消失，给林区人民生产生活带来困难。近年来，我国森林防火事业虽取得了明显成效，但仍面临严峻形势。1999—2010 年共发生森林火灾 108 868 起，我国防火的严峻形势并没有得到根本改善。同时，据第七次全国森林资源清查资料显示，全国森林面积 19 545.22 万公顷，森林覆盖率 20.36%，我国森林资源进入了快速发展时期，虽然这为增加林业碳汇、建设生态文明奠定了基础，但对森林防火工作却提出了新的挑战。

第一章　森林火灾基础知识

学习目标：

◆掌握森林火灾发生的主要原因。

◆掌握森林火灾的类型。

◆掌握林火与不同环境之间的关系。

◆掌握林火行为的特点。

森林火灾的发生必须具备可燃物、氧气和一定温度三个基本条件，同时受可燃物类型、火环境、火源条件等多种因素的综合影响。认识森林火灾发生发展的条件及其变化规律，是进行森林火灾预防、扑救及安全用火的基础。

第一节　森林火灾发生原因

一、森林燃烧概述

1. 森林燃烧三要素

森林燃烧必须具备三个要素，即森林可燃物、氧气和一定温度，三者构成燃烧现象。如果缺少其中任何一个要素，燃烧就会停止。

（1）森林可燃物

森林中所有的有机物都属于可燃物，包括森林中的乔木、灌木、草本、苔藓、蕨类、地衣、枯枝落叶、腐殖质和泥炭等。

森林可燃物按易燃程度可分为：

1）易燃物。在一般情况下，易干燥，易燃，而且燃烧速度快。这类可燃物包括地表干枯的杂草、枯落叶、凋落树皮、地衣和苔藓及针叶树的针叶、小枝等。

2）燃烧缓慢可燃物。一般指颗粒较大的重型可燃物，如枯立木、树根、大枝、倒木、腐殖质等。这些可燃物不易燃烧，但着火后能长期保持热量，不易扑灭。清理火场时很难清理，而且容易发生复燃火。

3）难燃可燃物。指正在生长的草本植物、灌木和乔木。

（2）氧气

氧气是森林可燃物燃烧时的助燃物，森林燃烧必须有足够的氧气才能进行，没有氧气任何可燃物都不能燃烧。

（3）一定温度

这里讲的一定温度主要是指火源。所有可燃物必须在火源的引燃下燃烧，但不同的可燃物燃点也是不同的。

2. 森林燃烧过程

（1）预热阶段

森林可燃物在外界火源的作用下，温度逐渐上升。随着可燃物体大量水分蒸发，产生烟，并伴随有部分可燃性气体挥发，但不能燃烧，这时可燃物处于收缩干燥的点燃前状态，即为预热阶段。

（2）气体燃烧阶段

随着温度继续上升，可燃物挥发大量可燃性气体，当温度达到可燃物燃点时，可燃性气体被点燃，并有黄色火焰出现，同时产生二氧化碳和水蒸气。

（3）木炭燃烧阶段

明火过后，木炭表面炭粒子燃烧，也称为表面燃烧，最后剩下灰分。

二、火源分类

1. 天然火源

天然火源是自然界发生或存在的，能够引发森林火灾的热源。它是一种自然现象。常见的自然火源有雷击、火山爆发、陨石坠落、滚石碰撞产生的火花和初始火行为。

（1）雷击火

雷击是引起森林火灾最多的自然资源。在美国和加拿大，由雷击引发的森林火灾，约占火源的10%。在我国雷击火仅占1%，主要发生在黑龙江大兴安岭、内蒙古呼伦贝尔和新疆阿尔泰山区。

雷击火的发生与纬度、天气条件和可燃物状况密切相关，通常出现在一定的范围和时间段。

雷击容易使枯立木和地表死可燃物着火。枯立木在雷雨电场中具有导电性而易被击中，而且枯立木因含水量低而容易被引燃。在干燥的天气条件下，地表可燃物含水率很快降至30%以下。当枯立木被击倒燃烧时，很容易引燃地表死可燃物，并迅速蔓延。

因雷击火发生的森林火灾需要可燃物和天气条件的准确配合。一是能产生雷击的积雨云存在；二是要有一定降雨，增加大地的导电性，能引起地闪闪电；三是降雨量较小，对地表可燃物含水量影响不大，雨后放晴，细小可燃物很快干燥。一年之内能同时满足这些条件的时段一般是干湿交替的季节，多发生在森林防火后期、雨季到来的前期。

（2）其他天然火源

其他自然火源包括火山爆发、陨石坠落、滚石碰撞产生的火花、堆积的可燃物发酵自燃等。这些火源都具有罕见的偶发性。

2. 人为火源

人为火源是人们故意或非故意造成，会引起森林火灾的热源。根据世界各国的统计，人为火源引起的森林火灾占总火灾次数的90%以上。美国占91.3%，中国占99%。

（1）生产性火源

生产性火源是指人们在生产活动中用火不慎产生的能引起森林火灾的热源。例如林业方面，常常计划用火，用高强度计划烧除以清理采伐剩余物，以便造林，烧防火线等；农业方面，烧垦、烧荒、烧土积肥、烧秸秆等；牧业方面，烧草场。

（2）生活用火

生活用火就是人们因为生活而产生的热源，包括日常生活、迷信活动、节庆活动和旅游活动等产生的热源。如野外烧饭、吸烟、烧香烧纸、篝火、燃放烟花爆竹等。

（3）故意纵火

故意纵火原因复杂，有出于对社会不满的报复等。故意纵火在国外比较普遍，约占火灾的50%，我国占0.2%～0.3%。

（4）其他火源

其他火源包括境外火源和精神病人、智障人和小孩玩火。我国与十几个国家接壤，境外火灾时有发生。俄罗斯、朝鲜、蒙古等国每年都有烧进我国的火源。

3. 灾害引发的次生火源

灾害引发的次生火源是指因地震、龙卷风、泥石流、山体滑坡等自然灾害引发的输电线路起火、建筑物起火或输油管线等起火，也包括飞机坠落、汽车碰撞等引发的火灾。

三、现阶段我国森林火灾的潜在危险

森林火灾的发生取决于3个因素，即林内外可燃物，合适的气象条件以及野外火源，这3个因素同时具备就会有林火发生，缺少任何一个因素林火也烧不起来。森林防火的任务就是设法破坏这3个因素，使森林不具备燃烧的条件。现阶段我国森林火灾存在以下潜在危险：

1. 森林可燃物超载

超载的森林可燃物，提供了森林大火燃烧的物质基础，森林可燃物的积累逐年增多，林区气候干冷，可燃物分解缓慢，在正常条件下积累高于分解。

2. 气候条件复杂多变

气候异常提供了为孕育森林大火发生的自然条件，由于太阳活动的影响，厄尔尼诺现象不断增强，人类活动造成“温室效应”等不同程度干扰了大气环流和水汽输送的正常运行规律，形成水热重新分配，造成该下雨的地方不下雨形成干旱，增加森林火灾的发生。相反，不该下雨的地方形成水涝，出现了气候异常。

3. 野外火源增加

野外火源增加是引发森林火灾的导火线，人类活动的影响是森林火灾上升的一个重要原因。随着经济发展，开发林区资源，开荒、办场、修路、建厂、狩猎、打鱼、采山货等。人员流向林区，增加森林火灾；另外，越来越多的人员去林区定居、旅游、野炊、活动等，势必造成火源增多，增加森林火灾。

【思考与练习】

1. 生产用火包括哪些方面?
2. 简述火源的分类。
3. 结合你的生活，谈谈怎样杜绝人为火源。
4. 天然火源包括哪些方面?

第二节 森林火灾分类

对森林火灾种类的划分，世界上没有统一的标准。2008 年 11 月 29 日国务院第 36 次常务会议修订了 1988 年 1 月 16 日颁布的《森林防火条例》，对森林火灾作出了新的规定。

一、按照受害森林面积和伤亡人数分类

按照受害森林面积和伤亡人数分为一般森林火灾、较大森林火灾、重大森林火灾和特别重大森林火灾四类。

1. 一般森林火灾

一般森林火灾是受害森林面积在 1 公顷以下或者其他林地起火的，或者死亡 1 人以上 3 人以下的，或者重伤 1 人以上 10 人以下的火灾。

2. 较大森林火灾

较大森林火灾是受害森林面积在 1 公顷以上 100 公顷以下的，或者死亡 3 人以上 10 人以下的，或者重伤 10 人以上 50 人以下的火灾。

3. 重大森林火灾

重大森林火灾是受害森林面积在 100 公顷以上 1 000 公顷以下的，或者死亡 10 人以上 30 人以下的，或者重伤 50 人以上 100 人以下的火灾。

4. 特别重大森林火灾

特别重大森林火灾是受害森林面积在 1 000 公顷以上的，或者死亡 30 人以上的，或者重伤 100 人以上的火灾。

二、按照其燃烧部位、蔓延速度和危害程度分类

按照其燃烧部位、蔓延速度和危害程度的不同，森林火灾又可分为地表火、树冠火和地下火 3 类。

1. 地表火

地表火也叫地面火，它是林地表面的枯枝落叶以及杂草灌木着火燃烧起来的。燃烧温度在 400℃左右，火势蔓延危及地面植被，烧毁幼林，烧伤树干下部和露出地面的树根，虽不致把大树烧死，却严重影响林木生长。

2. 树冠火

树冠上部起火，这种火来势凶猛，火焰温度高达 900℃，烟雾高度可达 1 500 米。树冠火往往与地表火同时发生，不仅烧毁地被物、幼树和下木，而且烧毁了树冠和树干。火灾之后，树木常常枯倒死亡，因此，树冠火是最严重的一种森林火灾。

3. 地下火

特别是在干旱的季节，林内土壤中泥炭层或其他有机物质燃烧引起的火灾。地下火燃烧速度慢，持续时间长，不易发现。

3 类火灾可以单独发生，也可以并发，地表火分布最广，几乎所有森林火灾都是由地表火开始的，而特大森林火灾，常常是 3 类火灾交织在一起。

三、森林燃烧种类

1. 有焰燃烧

燃烧时产生火焰，也称为明火。燃烧时释放大量的光和热量。我们平时所指的绝大部分燃烧均指的是有焰燃烧，有焰燃烧必须具备四个必要条件：可燃物、氧化剂、温度和未受抑制的链式反应。如地表火、树冠火等。

2. 无焰燃烧

燃烧时没有产生火焰，也称为暗火。释放出较少的光和热，如地下火、木炭火等。

无焰燃烧主要靠离子振动传热。如果以风力扑火，会越吹越大，只能用扑打、沙土掩埋、水浇灌等办法，降低氧气含量，破坏离子振动传热，达到灭火目的。特点是蔓延速度缓慢，持续时间长，产生的热量多占自身热含量的 50%，所以，泥炭在较湿的情况下仍然可以继续燃烧。

【思考与练习】

1. 按照受害森林面积和伤亡人数，火灾分为哪几类？
2. 简述地表火的特点。
3. 有焰燃烧的四要素分别是什么？

第三节　森林火灾的环境

除了引起森林燃烧的三要素以外，还有很多环境条件影响林火的发生情况，如气候条件、天气条件、地形条件等。林火环境是森林燃烧的重要条件。

一、气象因子与林火

1. 气温

气温高低是随太阳辐射对地球表面的强弱而改变的。太阳辐射是指地球接受来自太阳的电磁波能量，主要是可见光、紫外线和红外线。通常气温是用来表示大气冷热程度的物理量，是指距离地面 1.5 米高处的空气温度，气温常用摄氏度（℃）表示。每天气温以日出前最低，午后两点左右最高。

云量多少，能影响达地面的太阳辐射，从而引起气温变化，一般云量多，气温较低。在一定程度上可以减少森林火灾的发生概率。

气温与林火的发生和蔓延有密切关系。首先气温升高，达到可燃物的燃点，可燃物燃烧。其次温度直接影响相对湿度的变化，温度越高，空气中相对湿度变小，空气变得干燥，可燃物含水量变小，使可燃物达到燃点的所需热量大大减少。一般来说，气温越高林火发生的危险性越大。

2. 空气湿度

空气湿度是用来表示空气中水汽含量多少或表示空气干湿程度的物理量，通常用相对湿度来表示。所以相对湿度的大小直接影响森林可燃物的含水量。相对湿度小，空气越干燥，可燃物含水量就会降低，林火发生程度高。反之，相对湿度大，可燃物含水量高，林火发生的程度就低。

一般来说，当相对湿度大于 75％时，不容易发生森林火灾；当相对湿度小于 30％时，容易发生森林火灾。在长期干旱的天气条件下，即使相对湿度大于 80％，也同样会发生森林火灾。

相对湿度的高低主要受气温和降雨的影响。在通常情况下，降雨量大，气温高，相对湿度高；反之，相对湿度就会很低。一天当中，相对湿度在凌晨时分最高，在午后最低。所以凌晨最不容易发生森林火灾，是灭火的好时机；午后是林火发生的高发时段。

3. 降水

降水是指从空中降到地面的雨、雪、雹以及凝结在物体表面的露、霜、雾凇等。降落到地面的水，不蒸发、不经流，积累的水层厚度称为降水量，单位为毫米。单位时间的降水量称为降水强度。

如果一个地区年降水量超过 1 500 毫米，并且均匀分布，通常不会或很少发生森林火灾。例如热带雨林，常年高湿高温，不易发生森林火灾。如果年降水量大，但不均匀，就较容易发生森林火灾。当月降水量大于 100 毫米时，通常不会或少发生森林火灾。

通常 1 毫米的降水量对林地的湿度几乎没有影响，2～5 毫米的降水量可以使林地的湿度增加，当降水量多于 5 毫米时，一般就不会发生森林火灾了，即使发生也会降低火势或使火熄灭。降水时间间隔也会影响林火的发生，降水时间间隔越长，气温越高，相对湿度就会越小，可燃物干燥，发生森林火灾的概率越大，林火蔓延速度越快。

降雪不但可以增加森林湿度，而且可以覆盖可燃物，使可燃物与火分离。所以积雪尚未融化以前是不会发生火灾的。霜、露、雾对林分湿度也有一定的影响，增加可燃物含水量 10%左右，同时露、霜、雾达到一定的厚度还可以覆盖可燃物，对火源与氧气有一定的阻隔作用。

在通常情况下，连续数天干旱导致林地植被越干旱，发生林火的可能性越大，燃烧情况越严重。

4. 风

风对林火的发生主要有三个方面：一是风可以带走林内的水汽，降低可燃物的相对湿度，增加发生林火的可能性。二是补充了燃烧时消耗的氧气，维持和加速了燃烧。三是加速了火线的蔓延速度，刮带火种飘逸，使之形成新的火点或火场。

根据风的湿度和温度，又可以分为湿暖风、湿冷风、干热风、干冷风四类。湿暖风属于高温高湿气流，通常不易引起森林火灾。湿冷风属于低温高湿气流，火险也比较低。干冷风属于干燥低温气流，通常出现在冬季，森林火险程度比较高。干热风属于干燥高温气流，最危险，它使可燃物温度升高，湿度降低，可燃物容易被点燃，发生森林火灾。

风速同样影响火情，风速越大，对可燃物风干作用越强，林火就会加速蔓延。甚至发生飞火或火旋风等危险情况。

二、天气、气候与林火

1. 天气与林火

天气情况将直接影响森林火灾的大小。在一般情况下，晴朗天气，气温高，相对湿度小，空气干燥会发生林火；相反，大雾和降雨的天气，一般不易发生林火。森林火灾多发生在干旱寒冷天气下。

由于各地天气瞬息万变，极为复杂，这就要求天气预报及时准确。如果没有准确的天气预报，就不可能有准确的森林火险预报，一旦耽误预防的最佳时段，就会造成不可挽回的损失。

2. 气候与林火

气候是长时间内气象要素和天气现象的平均或统计状态，时间尺度为月、季、年、数年到数百年以上。气候以冷、暖、干、湿这些特征来衡量，通常由某一时期的平均值和离差值表征。气候主要是由热量变化而引起的。

总而言之，热带地区，为热带雨林植被，雨量大，高温高湿，一般不发生森林火灾，如果持续长期干旱，就容易发生森林火灾。亚热带与暖温带，森林植被以常绿阔叶林、落叶阔叶林和针阔叶林为主，降水集中在雨季，干旱季节多发森林火灾。温带地区，植被多以针阔混交林为主，夏季多雨潮湿，冬季积雪，春秋季节大风干旱，因此火灾多发生在春秋两季。寒温带与寒带，植被多以针叶林为主，气候寒冷，冬季冰雪覆盖，不易发生森林火灾，春秋两季干旱寒冷是多发季。极地植被种类较少，仅有灌木、苔藓和地衣，偶尔会发生火灾。

三、地形与林火

1. 地形因子对林火的影响

地形不同，影响森林植物的分布，构成不同的小气候。不仅影响林火的发生发展，而且影响林火的蔓延与强度。因此，山区防火灭火，地形是重要因素。

（1）坡向

南坡（阳坡）日照高，温度高，蒸发快，湿度低，植被多为喜阳类型，可燃物易干燥，易燃，火蔓延快。北坡（阴坡）日照低，温度低，蒸发慢，湿度高，植被多为喜阴类型，可燃物不易干燥，不易燃，不容易发生森林火灾，火焰蔓延速度慢。

（2）坡度

坡度大小直接影响可燃物湿度的变化。坡度大，积水停留时间短，可燃物易干燥，容易发生火灾，并且蔓延速度快。平缓的地方，积水停留时间长，土壤和植被能够充分吸收水分，所以，平缓地不容易发生森林火灾，即使发生火灾，蔓延速度也相对缓慢。

不同的坡度发生火灾对林木危害不同。一般情况下，坡度越大，火蔓延快，但火停留时间短，对林木危害较轻。坡度越小，火势蔓延得越慢，燃烧越彻底，对森林危害严重。

上山火蔓延速度会加快，火势强烈，不易扑救，迎火扑打容易造成人身危险。下山火蔓延速度慢，火势弱。当林火先向下蔓延，再向上蔓延时，就会形成多处火头，使林火发展面积扩大。所以消防队伍要力争在下山火时对火进行扑灭。

（3）坡位

在相同坡向和坡度的条件下，不同坡位的相对湿度、土壤条件影响可燃物的种类和干湿度。从山谷、下坡、中坡、上坡到山顶，温度逐渐升高，相对湿度逐渐降低，植被种类以喜阴植物到喜阳植物转变。通常山脊、陡坡林地干燥，易燃，火蔓延快；山谷低洼地多水湿，易扑救；空旷山凹地多为草甸子，火猛烈。

（4）海拔高度

海拔影响森林温度、湿度。海拔越高，温度越低，地被物含水率越大，不易燃烧。但海拔高，风速大时，有利于火的蔓延。例如，大兴安岭海拔低于500米的针阔混交林带，春季3月开始火灾防火期；海拔在500～1 100米为针叶混交林，一般春季火灾高发始于4月；海拔在1 100米以上，为落叶松林，火灾季节还要晚些。

（5）小地形

小地形是指在周围几十米范围内的小生境，可引起局部植物组成和微域气候发生变化。如遇小高地，则火蔓延快；局部平缓地蔓延慢，低洼地不易燃；迎海面山坡，降水多，湿度大，可燃物含水率高，不易燃；背风面空气干燥，形成高温少湿的热风（即焚风），地被物干燥，易燃；地形起伏变化，影响林木受害部位，一般被火烧的部位，均在朝山坡的那一面，日本人称其为片面燃烧。未被火烧的小面积植物，俗称“花脸”。

2. 山地林火的特点

在山地条件下，山谷风对林火的影响很大。白天谷风大，会加速上山火的蔓延，火势难以控制；而夜间山风会使上山火蔓延减缓，是打火最有利的时机。另外，傍晚及9：00—10：00山谷风转换时有静风期，也是打火的有利时机。

地形起伏变化不同，火对林木的受害部位也不同。在一般情况下，树干被火烧伤部位均朝山坡一面，这种现象称为林木片面燃烧。造成林木片面燃烧现象的原因有以下三种：

在山地条件下，枯枝落叶在树干迎山坡的一侧积累较多，一旦发生火灾，在树干朝迎山坡一侧火的强度大，持续时间长，林木烧伤严重。

火在山地蔓延时，多为上山火，即火从山下向山上蔓延，火遇到树干后，在其迎山坡一侧形成“火漩涡”，火在漩涡处停留时间长，烧伤严重，常形成“火烧洞”。

即使在平坦地区，由于树干的阻挡，火在树干背风侧也能形成“火漩涡”。

四、林火的地理和时间分布规律

1. 林火的地理分布规律

林火的地理分布主要因纬度变化引起的气候和植被的变化，森林火灾的发生情况也不同。低纬度热带地区，植被多为常绿阔叶林组成的热带雨林，常年高温高湿，降雨量多，而且分布均匀，相对湿度达90%以上，没有明显的干湿季节，通常不发生森林火灾。亚热带和暖温带地区，森林植被主要为常绿阔叶林和针叶混交林，有明显的干湿季之分，降水多集中在湿季，干季为森林火灾季节。温带地区森林主要为针阔叶混交林，夏季多雨湿润，冬季积雪，春秋两季干旱且风大，是森林火灾多发季节，且春季最严重。寒温带和寒带地区，气候寒冷，森林多为针叶林，冬季积雪且漫长，森林火灾多发生在春秋两季。极地气候寒冷，偶尔发生苔原火。

2. 林火的时间变化规律

在一定的地理区域内，不同年份、不同季节及一天中的不同时刻林火发生也不同。

（1）年变化

在特定的气候区域内，正常年份间气候变化差别很小，林火发生情况也基本相同。但是，由于受太阳黑子、厄尔尼诺现象等对大气环流的影响，使得气候异常，这样林火的发生情况也随之改变，并呈现出一定的规律性。

在我国，森林火灾年变化有其自身的特点，有5～6年和10年的准周期性。例如，1952年、1962年、1972年均为森林火灾严重年份，年过火森林面积在200万公顷以上；据1966—1989年的火灾资料统计，我国东北大兴安岭林区每隔4～5年就会发生大面积森林火灾。

（2）季变化

在一年中，由于同一地区不同季节的气候条件和植被分布特点不同，因此发生森林火灾的情况也不同，通常随季节的变化而变化。

一般把森林容易发生火灾的季节规定为森林防火期。各地气候不同，防火期也不相同，防火期的长短也有很大差异，通常可持续几个月或更长，有的地方甚至全年都可能发生森林火灾。

我国地域辽阔，不同省（区）其火灾季节有很大差异。其中多数省（区）的火灾季节为11—4月；东北地区分为春季（3—6月）和秋季（9—11月）两个火灾季节；新疆地区火灾季节主要在夏季（5—10月）。

（3）日变化

在一天中，不同时刻由于温度、湿度、风等气象因子的变化不同，林火发生也不相同。早上温度最低，相对湿度最高；随太阳照射增强温度升高，相对湿度逐步降低；到14：00左右气温达到最大值，而相对湿度最低；与气温和相对湿度变化规律相对应，林火发生规律为：7：00—10：00会发生森林火灾；10：00—14：00容易发生森林火灾；14：00—18：00最容易发生森林火灾；18：00—21：00比较容易发生森林火灾；21：00—次日7：00很少发生森林火灾。

【思考与练习】

1. 如何理解气象因子对林火的发生和蔓延的影响？
2. 简述不同地形对林火的影响。
3. 简述气象、气候与林火的关系。
4. 简述林火的日变化规律。

第四节　林火行为

一、林火行为的概念

林火行为是指森林从着火开始直至熄灭的整个过程中，火所表现出的各种现象和特征，主要包括林火蔓延、林火强度、对流柱、飞火、火旋风、火爆等特征。林火行为受可燃物、环境条件的制约和控制，是森林防火、灭火、用火必须考虑的因素。只有了解林火行为，才能有效控制它，最终控制林火。

二、林火蔓延

1. 林火蔓延速度的特点

（1）灌木林地中的地表火速度快。

（2）草地中的林火蔓延速度是灌木林地的 1.5 倍。

（3）坡地发生林火，坡度越大，林火蔓延速度越快。

（4）当火焰高度达到 3.5 米时，容易产生飞火，其蔓延方式为跳跃式。

2. 蔓延速度的分类

（1）线速度

线速度指单位时间内火线向前蔓延的直线距离。单位通常以米/分钟、米/小时或千米/小时表示。通过线速度可以证明火线蔓延的速度快慢。

（2）面速度

面速度指单位时间内火场扩大的面积。单位通常以公顷/分钟或平方米/分钟表示，通过面速度可以表明火场大小的蔓延情况。

火场面积的计算：

$$S=3/4(vt)^2$$

式中　S——火场面积，平方米；

v——线速度，米/分钟；

t——林火燃烧持续的时间，分钟。

例 1　某地区发生一场森林大火，林火燃烧持续的时间是 2 小时，火头蔓延的线速度为 5 米/分钟，现计算其火场面积。

计算如下：

$$S=3/4(vt)^2$$

$$=3/4\times(5\times60\times2)^2$$
$$=270000(\text{平方米})$$

（3）周边速度

周边速度指单位时间内火场周边增加的长度。单位通常以米/分钟、米/小时或千米/小时表示。火场周边长度及其增加的快慢，也是布防扑火力量的重要参考指标之一。

周边长度的计算：

$$C=3vt$$

式中 C——火场周长，米

v——线速度，米/分钟

t——燃烧持续的时间，分钟

例 2　某地区发生一场森林大火，林火燃烧持续的时间是 2 小时，火头蔓延的线速度为 5 米/分钟，现计算其火线周边长度。

计算如下：

$$C=3vt$$
$$=3\times5\times60\times2$$
$$=1\,800\ (\text{米})$$

这场森林火灾的周长速度为：1 800÷2÷60=15 米/分钟

3. 林火蔓延的形状

在地势平坦没有风时，火向四面八方等速蔓延，其林火形状近似圆形；当风速平稳时，火场呈长椭圆形；当风向不稳，呈小角度（30°～40°）摆动时，火场呈扇形，当地势起伏不稳或在山谷间蔓延，火场呈 V 字形；当火场燃烧较为猛烈且地形复杂时，火场呈鸡爪形。因此，扑火时要密切关注火场蔓延形状，根据其形状的不同变化采取相应的灭火方式。

三、林火强度

森林可燃物燃烧时的热量释放速度称为林火强度。

在森林防火中，通常根据火场平均火焰高度来估测火线强度，计算公式如下：

$$I=300h^2$$

式中 I——火线强度，千焦/（米·秒）

h——火焰高度，米

通常林火强度分为三种，即低、中、高。火焰高度 0.5～1.5 米，火强度 75～750 千焦/（米·秒）为低强度；火焰高度 1.5～3.0 米，火强度 750～2 700 千焦/（米·秒）为中强度；火焰高度 3.0 米以上，火强度大于 2 700 千焦/（米·秒）为高强度。

四、高能量火的特征

1. 对流柱

森林燃烧时产生的热空气垂直向上运动，四周的冷空气补充产生对流热，随着火势增强，火场有部分热能变为动能，推动热空气上升，这样在燃烧区域上方形成一个升起的烟柱，称为对流柱。对流柱的形成和动态主要取决于火强度和风速。火强度大，高空风速较低时，常出现蘑菇状对流；当高空风速增大时，蘑菇状对流柱破裂，烟雾呈水平移动。

2. 飞火

燃烧物在强风和上升气流的作用下，传播到火线前方，产生新的火点，称为飞火。通常飞火距离为几十米到数百米，甚至可达上千米、数千米以上。那些较轻且燃烧持续时间长的可燃物是形成飞火最危险的可燃物，如鸟巢、蚁窝、松树球和腐朽木等。当大量飞火同时发生就会形成“火星雨”。在大兴安岭“五六”特大森林火灾期间，就发生过“火星雨”。

3. 火旋风

在森林燃烧过程中，由于火场热的不平衡而使火呈快速旋转式向前蔓延，这种现象称为火旋风。它是产生飞火的重要原因之一，一般山地比平原发生的火旋风多。小的火旋风直径仅几厘米，大的火旋风直径可达 100～200 米。在森林火灾中，火旋风是十分危险的林火行为，它不但加快林火蔓延的速度，而且往往偏离原蔓延方向，容易造成伤亡事故。火旋风的最高温度可达 800℃以上。大兴安岭“五六”大火期间，出现的火旋风使整个居民点顿时形成火海。

4. 火爆

当火头前方出现许多飞火，燃烧聚集到一定程度时，就会发生爆炸式的燃烧，形成一片火海，这种森林燃烧现象就称为火爆。火爆会使火线迅速前移，或在火场前形成新的火头，火场面积迅速扩大，同时伴有冲天火焰和强烈的爆炸声。

5. 轰燃

在地形起伏较大的山地条件下，由于沟谷两侧山高陡坡，当一侧森林燃烧剧烈、火强度很大时，所产生的强烈的热的水平传递容易到达对面的山坡。当对面山坡接受足够热量时，会突然产生爆炸式燃烧，这种现象称为轰燃。

6. 高温热流

由于火场燃烧剧烈，温度很高，在火场周围一定空间范围内形成一种看不见但能感觉到的高温高速气流。这种高温气流危害很大。其温度可达 300～800℃，甚至达到 800℃以上。在大兴安岭特大火灾中，从空中观察，有些燃烧地带似刀切一样整齐，说明高温热流向前推移的速度极快，温度很高。在飓风之后，整个林场未见火光，林场的房屋却几乎同时起火。许多未燃烧的房子玻璃被烤熔，电话线也被熔断。许多未被燃烧的树植却都朝顺风方向。

【思考与练习】

1. 什么是林火行为？
2. 林火蔓延速度的特点有哪些？
3. 如何计算林火强度？
4. 高能量火有哪些类型？分别有什么样的特征？

第二章　森林火灾预防

学习目标：

◆了解林火预报种类和方法。

◆掌握林火阻隔的常见方法。

◆掌握三维林火监测网的类型及作用。

◆了解绿色防火和黑色防火。

“预防为主、积极消灭”是我国森林防火的指导方针，森林防火预测预报是贯彻森林防火方针的重要措施，也是营林用火和进行森林火灾预防和扑救的重要依据。森林火灾一旦发生，即使能及时扑灭都难免造成损失：森林被烧毁、扑救火灾人力物力耗费、生态问题、生命财产损失造成对社会安定的负面影响等。发生森林火灾，必然有其特定的外部环境和内在条件，科学分析森林火灾发生的条件和规律，适时预测森林火险程度，对火灾尤其是森林大火发生的可能性和发展趋势提前发出预报，及时采取针对性措施，是减少森林火灾发生和火灾损失的有效途径。气象条件是森林火灾能否发生与蔓延的决定性因素之一。因此，做好森林火灾预防工作尤为重要。

第一节　林火预报

森林火险预测预报指通过测定、计算一些自然和人为因子，来预测和判断森林火险发生的可能性、森林火险控制的难易程度以及森林火险可能造成的损失的技术和方法。森林火险，是指影响森林火险发生发展的各种稳定因子和变化因子综合作用的结果，它可以在一定时间和空间采用一系列影响森林火险发生、发展及结果的指标，来进行定性或者定量的综合评价。林火预报首先考虑的就是某个特定区域范围内经常变化的森林火险程度。

一、林火预报种类

1. 林火天气预报

森林火灾危险天气预报，主要预报林火可能发生的气候环境，即可能发生森林火灾的天气。主要根据气象因子预报森林火险天气等级；火险天气等级越高，发生森林火灾的可能性越大。通常选择相对湿度、气温、降水、风速和连续旱天数等气象因子。火险天气预报一般分为超短时（6 小时以内）预报、短时（6～12 小时）预报、短期（12～72 小时）预报、中期（3～10 天）预报、长期（10 天至 1 个季度）预报和超长期（1 年以上）预报。与天气预报相对应，火险天气预报目前只进行短期和中期预报。

值得注意的是，火险天气预报仅说明对气象地区天气条件对森林火灾发生可能性大小，并未考虑火源条件和起火后可能的林火行为。

2. 林火发生预报

森林火灾发生预报是在森林火灾危险天气预报的基础上，与社会情况、防护力量和设施设备、火源条件及可燃物分布等结合起来进行预报。在干旱大风、高温少雨天气条件下，除天气条件，能否发生森林火灾，既要依据林内人员活动频率及人为火源出现的概率，又要依据无人为火源的情况下，雷击火、滚石火花、腐殖层与泥炭层等自然火源情况，而进行森林火灾发生的可能性预报。而且由于地理位置和地形不同，可燃物的种类、数量、立地条件的干湿程度和生态因子等均不一样，森林特性及其燃烧特性迥然不同，森林火灾危险程度及其后果也大不相同。因此，根据火源的分布情况、防火和扑火力量、不同可燃物的干湿情况、立地条件、相对湿度、温度、风速、降水等，就可以预报发生森林火灾的危险程度，预测发展情况。

3. 林火行为预报

林火行为预报是林火发生和发展的预报。根据天气状况和森林可燃物类型、可燃物的含水率及地形地物条件等，预报林火发生后火的蔓延速度、火的强度、能量释放、火焰高度和火灾种类。并且依据平均烧伤面积、平均保存量、平均损失量、宏观损失和林火性质的不同，制定火力强度指标。从而可以通过预测分析，预报林火发展和对森林生态系统的影响，提出规定火烧、营林用火和防止发生森林火灾的对策。

二、我国主要的林火预报方法

1. 综合指标法

综合指标法的主要理论根据是：某一林区无雨期越长，气温越高，空气越干燥，地被物湿度越小，森林燃烧性也就越大，即容易发生火灾。因此，根据无雨期间空气中水汽饱和差、气温和降雨量的综合影响来估计森林的燃烧性，并制定相应的指标数来划分火险天气等级。综合指标是降雨后若干天内空气温度和空气中水汽饱和差乘积之和的累计值来确定的。其计算公式如下：

$$P=\sum_{i=1}^{n}t_i d_i$$

式中　P——综合指标；

T_i——第 i 天 13：00 的空气温度,℃；

D_i——第 i 天 13：00 的空气饱和差，hPa；

N——降雨后连续干旱天数。

2. 双指标法

双指标法也称着火指标与蔓延指标法。其理论根据是，森林燃烧包括两个阶段，着火（点燃）和蔓延。森林火灾危险性是由森林的着火程度和蔓延程度来决定的，森林枯枝落叶层的干燥程度是影响着火的重要因素，而每日地被物含水率的变化与空气最小相对湿度和最高温度有关，因此，可用每日最小相对湿度和最高温度来确定着火指标。林火从蔓延到成灾又与最大风速和实效湿度有关，因此，可以用最大风速和实效湿度来确定林火蔓延指标，然后根据两个指标的综合来确定森林火险等级。

3. 全国森林火险天气预报法

全国火险天气预报法是根据最高气温、最小相对湿度、降雨后的连续干旱日数、最大风速、生物及非生物物候季节等因子与火险天气的关系，分别计算确定上述因子的指数值，并根据各因子指数值的代数和来确定火险天气等级（分为 6 个等级，具体数值见表 2—1 至表 2—6），由各级气象部门同林业部门向社会发布。其计算公式如下：

$$HTZ=A+B+C+D+E$$

式中　HTZ——森林火险天气指数；

A——最高气温指数值；

B——最低相对湿度指数值；

C——连续无雨日值；

D——最大风力指数值；

E——物候季节指数。

表 2—1　　全国森林火险等级标准查对表

森林火险指数	火险天气等级	危险程度	易燃程度	蔓延程度
≤25	Ⅰ	没有危险	不燃烧	不蔓延
26～50	Ⅱ	低度危险	难燃烧	难蔓延
51～72	Ⅲ	中度危险	能燃烧	能蔓延
73～90	Ⅳ	高度危险	易燃烧	易蔓延
≥91	Ⅴ	极度危险	极易燃烧	极易蔓延

表 2—2　　最高气温的森林火险天气指数 *A* 值查对表

空气温度等级	最高空气温度（℃）	森林火险天气指数（*A* 值）
一	≤5.0	0
二	5.1～10.0	4
三	10.1～15.1	8
四	15.1～20.0	12
五	20.1～25.1	16
六	≥25.1	20

表 2—3　　最下相对湿度的森林火险天气指数 *B* 值查对表

相对湿度等级	最小相对适度（℃）	森林火险天气指数（*B* 值）
一	≤71	0
二	61～70	4
三	51～60	8
四	41～50	12
五	31～40	16
六	≥30	20

表 2—4　　降雨量及其后的连续无雨日的森林火险天气指数 *C* 值查对表

降雨量（mm）	降雨量及其后的连续无雨日的森林火险天气指数（*C* 值）										
	当日	1 日	2 日	3 日	4 日	5 日	6 日	7 日	8 日	9 日	10 日
0.3～2.0	10	15	20	25	30	35	40	45	50	50	50
2.1～5.0	5	10	15	20	25	30	35	40	45	50	50
5.1～10.0	0	5	10	15	20	25	30	35	40	45	50
≥10.0	0	0	5	10	15	20	25	30	35	40	45

注：①降雨量少于 0.3 毫米按无雨计算；②*C* 值为 30 以上时，每延长 1 日，*C* 值增加 5，*C* 值为 50 以上时，仍以 50 计算。

表 2—5　　最大风力等级的森林火险天气指数 *D* 值查对表

风力等级	地面特征	森林火险天气指数（*D* 值）
0	烟直上	0
一	烟能表示风向，风标不转动	5
二	人面感到有风，树叶微响	10
三	树叶及微枝摇动不息，旗能展开	15
四	有叶小枝摇摆，能吹起尘土	20
五	小树枝摇摆，水面有小波	25
六	大树枝摇动，举伞困难	30
七	全树摇动，迎风步行不便	35
八	微枝折毁，迎风步行阻力很大	40

表 2—6 生物及非生物物候季节影响的 *E* 值查对表

等级	绿色覆盖（草本生长期）	物候季节指数（*E* 值）
一	全部绿草覆盖	20
二	75%绿草覆盖	15
三	50%绿草覆盖	10
四	20%绿草覆盖	5
五	没有绿草	0

【思考与练习】

1. 火险预报的因子有哪些？
2. 简述林火行为预报。
3. 火险预报的方法有哪些？

第二节 林火阻隔

林火阻隔就是利用林区的公路、防火线、防火林带和河流、湖泊等人为或天然防火障碍物阻隔林火的蔓延。

一、道路

道路（包括公路、铁路及林区非等级公路等）既是林火的阻隔带，又是林区的交通线，十分重要。林区道路建设是一项长远性的预防措施。特别是闭塞林区、老火灾区和边境地区，要尽可能与长远开发建设、木材生产相结合进行。有了一定密度的道路网，才能有利于实现森林防火的机械化和现代化，及时、畅通无阻地将扑火人员和物资运送到火场。林区道路多少是衡量一个国家或一个林区营林水平和森林经营集约度高低的标志。为了发挥森林防火机械化和现代化的作用，道路网密度至少是 4～8 米/公顷，且分布均匀。

二、防火线

防火线的种类和规格包括以下几个方面：

1. 国境防火线

国境防火线是在我国国境一侧开设，宽度为 50～100 米，主要控制林火越境蔓延。

2. 铁路防火线

铁路防火线是在铁路两侧开设的防火线，宽度为50～100米，以防止火车机械火源和人为火源引起林区火灾，也起到阻隔林火的作用。

3. 林缘防火线

林缘防火线是在森林与农地、草原、居民点的交界处开设的防火线，以防止火灾相互蔓延，其宽度应根据当地地形、植被和气候等条件而定。一般为30～100米。

4. 其他防火线

在储木场、重要设施、仓库周围、墓地周围等开设的防火线，以防止家火与草原火或林火互相蔓延，宽度为50～100米。

三、防火林带

防火林带主要是利用具有防火能力的乔木或灌木组成的林带来阻隔或抑制林火发生和蔓延。

1. 防火林带的规划原则

一是因地制宜、分类指导、重在实效的原则。

二是因害设防，自然阻隔和工程阻隔带、生物阻隔带整体优化配置的原则。

三是适地适树的原则。

四是防火功效与多种效益兼顾的原则。

五是培育提高型、改建型与新建型相结合的原则。

六是与林业建设“同步规划、同步设计、同步施工、同步验收”的原则。

七是网络由大到小、先易后难、突出重点、循序渐进的原则。

2. 防火林带的种类

(1) 按防火林带结构划分

乔木林带：由阔叶乔木和亚乔木构成，主要防止或阻截树冠火的蔓延。

灌木防火带：由一些耐火灌木构成，主要用于阻截地表火的蔓延。

耐火植物带：耐火植物可以单独构成防火带，也可以营造在防火林带下。在这些地带可以种植药用植物，也可以种植一些经济植物、不易燃的农作物或蔬菜等。这样配置，一方面会起到防火作用，另一方面会有一定的经济收益。

(2) 按防火林带功能划分

护路防火林带主要设在铁路、公路两侧，用于防止机车喷漏火和爆瓦，以及扔的烟头和火柴引起的林火，同时，还可以增强道路的阻火作用。

1）溪旁防火林带。分布在山区的小溪，其宽度多在10米以内，这样窄的小溪很难阻隔住草甸火的蔓延。如果在小溪两侧营造防火林带，就可以大大增强阻火效果。

2）村屯周围防火林带。这种防火林带应该宽一些，以50～100米为宜。其功能是防止林火与家火相互蔓延。

3）林缘防火林带。这类防火林带主要设在森林与草原交界处，或草甸子与森林的交界处，用于阻止草原或草甸火与林火的相互蔓延，宽度50～100米或更宽些。

4）农田防火林带。主要是用于防止农田烧秸秆、烧田埂草或农业生产用火不慎而起的林火。

5）林内防火林带。在平地条件下按一定距离营造，在山地条件下应设在山脊，主要作用是防止针叶林的树冠火。

6）针叶幼林防火林带。针叶林属于易燃林分，在一定面积上营造防火林带，可以防止大面积针叶幼林遭到森林火灾的危害。

（3）按防火林带规格划分

1）林场周界防火林带。设置在林场四周，其作用是防止山火烧入林场，特别是保护区或风景区的特殊林，更应营造周界防火林带，以防外界火的侵入。

2）防火林带。设置的林带走向与防火季节主风向垂直。

3）副防火林带。这是主防火林带的辅助林带，使防火林带构成若干封闭区。

3. 防火树种的选择

防火树种应遵循选择不易燃烧的抗火性强的常绿阔叶树或落叶较齐的阔叶树的原则。有些树种抗火性虽然强，但易燃，如东北林区的柞树，不应选择为防火树种。

具体应从四个方面研究、考虑：

一是了解树种的抗火性。试验研究树种的枝、叶、树皮等易燃物的理化性质，如可燃物的热值、含脂量、含油量、燃点、灰分含硅量及含水量等。前三项值越低，抗火性越大，后几项值越大，抗火性越大。

二是了解树种的生物学特性。树皮越厚，结构越紧密，抗火性越大。另外，林冠稀疏及具有强烈萌发能力的深根性树种抗火性强。

三是了解树种的生态学特性，包括对分布的海拔高度、干湿程度、肥沃度等生态条件的适应能力。

四是调查火烧迹地，研究不同树种烧死、烧伤程度，以此来判断树种的抗火能力。

我国树种资源十分丰富，有许多树种可以选择为防火树种。例如，北方林区：乔木防火树种有水曲柳、核桃楸、黄波罗、柳树、榆树、槭树、稠李、落叶松等；灌木有忍冬、卫茅、接骨木、红瑞木、白丁香、刺五加、醋栗、山梅花、佛头花等。

4. 防火林带结构、位置和配置

目前我国各地防火林带多为单层结构的乔木林带或灌木林带。从防火效果看，营造复层结构林带较好。一是复层林带保持多层郁闭，有利于维护森林生态环境，保护林带湿度，降低风速；二是密集林带可以阻挡热辐射，有效发挥林带的阻火作用。防火林带一般应设在山脊，有利于阻挡树冠火蔓延。防火林带也可以设在山冲，因为这些地方有小溪和一些天然阔叶树分布，只需补植一些防火树种，就很容易形成防火林带。在树种配置方面，应为乔木、亚乔木、灌木和既耐火又有经济价值的草本植物相配置。

【思考与练习】

1. 林火阻隔的途径有哪些?

2. 举例说明常见的防火树种。

3. 防火隔离带建立有哪些方法?

4. 简述防火林带规划的原则。

第三节　三维林火监测网

当森林大面积猛烈燃烧，尤其出现飞火和火旋风等高危险火行为时，就很难控制林火蔓延。但林火初起，火场比较小，释放的热量相对少，发生危险火行为的可能性也小，林火比较容易控制。做好林火监测，才有可能做到“发现早，行动快，损失小”。

林火监测可分为4个层次：地面巡护、瞭望台定点观测、航空巡护和航天遥感（卫星遥感）；4个层次相结合，就形成了林火三维监测体系。

一、地面巡护

1. 地面巡护的任务

地面巡护是发现和监测火情重要的手段。一般由经培训的护林员，森林警察步行或借助交通工具（马、自行车、摩托车或汽艇），按一定路线巡逻，其主要任务有：

（1）严格控制火源，清除火灾隐患

严格控制非法入山人员，检查来往人员是否遵守防火法令和规章；检查野外生产用火和生活用火，制止违章用火行为，严防人为纵火。

（2）及时发现火情，迅速报告、积极扑救

发现并及时扑灭初起小火。一旦发现火情，要尽快确定火点位置、种类、火势、蔓延方向、蔓延速度以及周边森林资源等情况，及时向森林防火指挥部报告，积极组织扑救。

（3）配合瞭望台全面监护

通过地面巡护瞭望台观测的死角、盲区，弥补瞭望检测的缺陷，实现全方位的林火地面监测。

地面巡护活动范围有限，频率低，反应较慢，因此，地面巡护适用于人为活动比较频繁的地区，如人工林、森林公园、风景林、游憩林、公路两侧。

2. 地面巡护的路线和时间的确定

巡逻路线要根据所管辖区域的森林火灾等级和火源情况决定。一般应尽可能通过高火险、火源出现频率高和瞭望台观测盲区的地段。每个巡护人员每天巡护路线的长度决定了其巡护范围。

在防火期间，巡护人员每天都要巡逻，要根据高火险天气情况适当增加巡逻时间；在高火险地段适当增加巡逻次数。

二、瞭望台定点监测

瞭望台监测是在地面制高点构建瞭望台或利用原有高大建筑物顶层或上部作为瞭望台，定点进行火情监测，确定火点位置并及时报警的一种林火检测手段。按瞭望台使用时间又可分为永久性瞭望台和临时瞭望台。前者一般建在永久性的建筑物上，常年不间断进行监测；后者可能搭建临时性建筑或依托永久性建筑，在防火期进行检测。

1. 瞭望台选址与密度

（1）选址

瞭望台应设立在森林火线等级高、火源多、森林火灾经常发生的区域的制高点上，尽可能接近水源、电源或居民点，以方便生活和工作。在人群密集的地方，可以实行“民测民报”火情；在偏远无人区，火源很少，检测人员生活极不方便，采用航空或卫星监测更为合适。

（2）密度

瞭望台布设应以各座瞭望台观测半径互相衔接，形成观测网；以尽可能少的瞭望台覆盖整个监测区域、没有或尽可能少盲区为原则。在地势平坦、空气透明度较高的区域，瞭望台间距以 15～25 千米为宜；在地形地貌复杂的区域检测应缩减至 10～15 千米；0.78～1.76 公顷面积上设置一个瞭望台。重点监测对象应适当加密，其间距为 5～8 千米。各瞭望台间成等边三角形布局为好，尽可能避免矩形布局，如图 2—1 所示，等边三角形布局盲区最小。

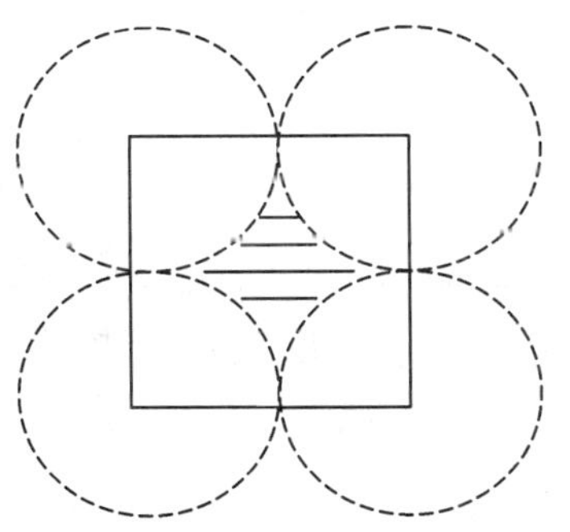
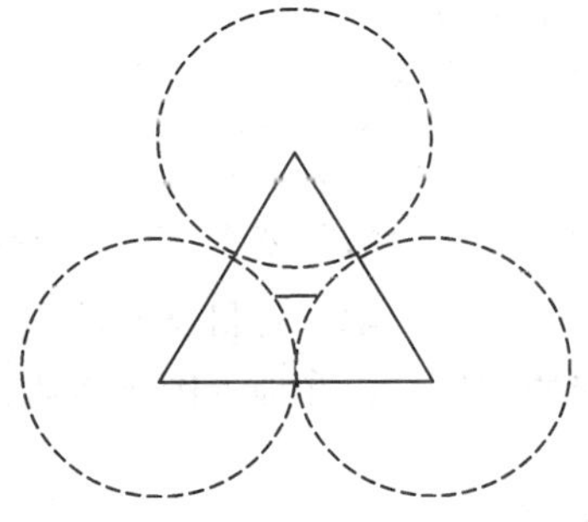

图 2—1　瞭望台矩形布局与等边三角形布局盲区大小比较图

2. 瞭望台的设施

瞭望台应配备观测、定位、通信、生活设施和器材以及其他物品。常用的观测设备器材包括火情观测定位用设备和气象观测设备器材。

（1）避雷装置

为了保护台架不受雷击，保护瞭望人员的安全，必须装配避雷装置。

（2）通信设备

安装电话、短波或超短波无线电对讲机，配备太阳能电源或风力发电机。以保证发现火情后及时传递信息。

（3）瞭望观测设备

包括高倍望远镜、方位刻度盘、罗盘仪或定位经纬仪、地形图、林相图等。

（4）扑火工具

扑火工具有二号工具、灭火钢刷、铁锹、斧头等。

（5）气象观测设备

便携式综合气象观测或小气候观测设备。

（6）办公用品和生活必需品

办公用品和生活必需品包括记录簿、绘图用品、收音机（收听天气预报和森林火险预报）、防御武器及其他生活用品。

3. 火情观测和火点定位

（1）火情观测

观测方法：使用望远镜，以 6～8 倍的望远镜为好，能够配备集观察、定位和测距于一体的立体望远镜则更好。

林火放生现象：夜晚观察有无火光；白天观察有无烟雾或烟柱。通过烟的颜色判断火势大小和林火种类：白色断续的烟为弱火；黑色加白色的烟火势一般；黄色的浓烟为强火；红色的浓烟为火势猛烈的火。另外，黑烟升起，多为上山火；白烟升起，多为下山火；黄烟升起，为草塘火；烟色浅灰或发白为地表火；烟色黑或深暗多数为树冠火；烟色稍稍发绿可能是地下火。

（2）火情定位

使用工具：罗盘仪。

采用方法：多用交会法。

具体做法：交会法需要 2～3 个瞭望台共同完成。发现火情后，邻近 2 个瞭望台同时用罗盘仪观测起火点，记录各自观测的方位，相互通报给对方，并报告防火指挥部。防火指挥部根据测定的方位角，在地形图上就可以确定森林火灾发生的地点。

三、航空巡护

航空护林作为森林防火一项重要的、不可或缺的内容，是指利用飞机沿预定航线在林区上空飞行巡逻，检测火情，火场或火点定位，并将有关情况报告飞行基地或森林防火指挥部。航空巡护，凭借其不可比拟的空中优势，日益发挥着积极、重要的作用，并得到地方政府和社会的充分肯定，被赞誉为“防火、灭火的尖兵”。

我国现已建成正厅级的东北航空护林中心和西南航空护林总站。在东北和西南7个省（区）林区建立了23个航空护林站（点），其中直升机起降点5个。在全部航站中，林业自建航空护林机场（点）12个。

四、卫星遥感监测林火

卫星遥感监测林火是利用人造卫星空间平台上的光谱或微波传感器，扫描或接收地球地物的光谱或微波信息并传回地面接收站；地面接收站对接获信息经图像数据处理系统的增强处理后发现热源或火点，并对其跟踪监测。遥感图像由于色彩丰富，定量客观，效果逼真，能够及时发现火情，对森林防火有重要意义。

卫星遥感技术近些年逐渐应用于森林防火工作中，并取得了丰硕的成果。利用卫星遥感信息作森林火灾监测、植被监测、可燃物含水量监测，获取信息及时丰富。我们把用遥感资料推算出可燃物含水量应用于森林火险等级预报领域，比以往其他经验预报模式显得更客观，更切合实际。利用卫星遥感监测火情，能够精确显示某地区的火情状况，具体到经纬度，帮助工作人员及早发现并扑灭起火源点。

我国气象卫星中心分别在北京、广州和新疆建立了3个地面接收站。

【思考与练习】

1. 简述三维林火监测网的含义。
2. 简述瞭望台建立的基本原则。
3. 地面巡护的基本任务都有哪些?
4. 怎样通过烟雾判断森林火灾燃烧类型?

第四节　绿色防火和黑色防火

一、绿色防火

1. 绿色防火的概念

绿色防火是指利用绿色植物（包括乔木、灌木和草本植物），通过造林、更新、抚育、补植等森林培育措施来减少林内死可燃物的积累，改变火环境，增强林分自身的难燃性和抗火性，使其不容易发生森林火灾，能够阻隔或抑制林火蔓延的防火工程。绿色防火又可称生物防火工程。绿色防火有效、持久、成本低。

2. 绿色防火的机理

(1) 森林可燃物燃烧性的差异

所有森林植物都可以燃烧，但是，森林可燃物燃烧性存在很大差异。根据可燃物的燃烧性把森林可燃物分为易燃物、缓慢燃烧可燃物和难燃可燃物。与其相应的是，有易燃物、缓慢燃烧和难燃的森林可燃物。燃烧性不同的森林植物的不同组合就会形成燃烧性不同的森林。比如，易燃树种的纯林容易发生森林火灾；难燃树种的纯林不容易发生火灾，而易燃树种与难燃树种的混交林的燃烧性一般介于难燃与易燃之间，显然，用难燃树种取代易燃树种或增加难燃树种比例，就可以提高森林抗火性。

(2) 森林结构与森林小气候的关系

森林结构的不同会导致林内小气候环境变化。林分郁闭度是引起森林小气候变化最显著的因子。在荒地、疏林或林间空地上，草本植物繁荣茂盛，特别是一年生的喜光性草本植物，春发秋枯，非常容易发生火灾。这些地段一旦被森林覆盖，林内光照强度就大幅降低，湿度增加，迫使喜光性草本植物迅速退出，就不容易发生火灾。

3. 防火林带的营造

(1) 人工林营造

防火林带的营造应与造林设计、造林施工同步或在造林前进行。林带营造前应清理林地，应视造林地条件决定清理方法。杂草繁茂的造林地应先全面劈山清杂，挖出茅草兜，或采用火烧方法清理。

整地方法根据造林地坡度而定，按照造林技术要求定点挖穴。造林一般采用紧密结构，通常林带边行栽植株距可小些，密度大些；林带中间栽植株距适当加大。在山脊、山腰地段可采用块状整地，挖穴造林。山麓、山脚、田边、沟谷等可采用块状整地或水平带整地。造林坑穴的规格因树种、苗木和立地条件而定，一般穴面 60 厘米×60 厘米或 50 厘米×50 厘米，深度 40 厘米左右。种植经济林木、果树应加大坑穴规格，并施基肥，并尽可能穴施磷肥 200 克。

造林后应坚持抚育一直到林带郁闭。头 3 年每年全面锄草松土，1～2 年适当清除林下凋落物，保留难燃杂草灌木。林带过密应及时抚育间伐，并促进伐桩萌芽更新形成复层结构林冠。

(2) 改造现有林带防火林带

在采伐森林时伐区应保留山顶、山脊的阔叶树，宽度 20～30 厘米以上，必要时通过补植补播，加大密度，形成带状或块状阻火带，并与人工营造的林带相连接。

林区山脚田边有的已开垦种植果树、经济林木，有些经济林果木本身抗火性强，有的较易燃，不抗火，因此，根据情况应加强抚育管理，秋后清除枯木干杂草或套种瓜果、薯类、金花菜等难燃植物，以耕代抚，抑制喜光杂草生长，起阻隔林火作用。经济林果木地块尚未衔接的，应开垦种植果树或丛生竹类，以使其连接成带。

山麓人工针叶林，特别是衫松中、幼林，火灾危险性比较大，应通过抚育间伐，清除林内危险可燃物，并在林下套种较耐阴难燃的阔叶树或选择比较抗火的灌木、草本植物，山脚田边，是初发火源密集分布地段，但火强度小，一般灌木、草本耐火植物能够阻隔林火蔓延，或成为林火蔓延缓冲带。

二、黑色防火

1. 黑色防火的概念

黑色防火是利用计划烧除可燃物的技术来减少可燃物积累，降低森林燃烧性，或者利用火烧开设防火线，以防止森林火灾的各种用火方法的总称。技术烧除也称计划火烧，由于火烧后的地段呈黑色，因此形象地称其为“黑色防火”，也叫做“以火防火”。黑色防火是一类在人为控制下有目的、有计划、有步骤的用火措施，这种计划火烧技术除了能达到森林防火目的外，还经常应用于其他营林生产环节，具有营林生产效果，因此，人们也将黑色防火和其他各种林农业生产活动的火应用，统称为营林用火。

营林用火是根据火的两重性原理，利用火有利的一面，避免火有害的一面，变火害为火利，使火应用于林业以及其他营林效果。

2. 黑色防火措施

（1）火烧防火线

火烧防火线主要应用于铁路、公路两侧，村屯、居民点和临时作业点等的周围，用火点烧一定宽度，形成隔火带，阻止火的蔓延，避免火灾发生，一般防火线的宽度要在500米以上。

（2）火烧沟塘草甸

在东北和内蒙古林区多分布有“沟塘草甸”，宽几十米到几千米，面积很大，在大兴安岭林区沟塘草甸约占其总面积的20%，此类沟塘多生长易燃的禾本科和莎草科植物，易发生火灾，是森林火灾的策源地。着火后蔓延速度很快，林区人常称其为草塘火。因此常在低火险时期进行计划烧除。一方面清除火灾隐患；另一方面火烧过的沟塘可作为良好的防火线，能有效阻隔火的蔓延。

（3）烧除采伐剩余物

森林采伐、抚育间伐、清林等将大量剩余物堆放或散落采伐迹地或林内。采伐剩余物是森林火灾的隐患，常采用火烧的方法清除。

（4）堆清

在采伐迹地或抚育间伐林内，常将剩余物堆放在伐根或远离保留木的地方，对于堆的大小，长约为2米，宽约为1米，高约为0.6米。每公顷150～200堆。通常在冬季点烧。一方面绝对安全，另一方面树木处在休眠状态，不易受到伤害。

(5) 带状清理

将采伐剩余物横山带状堆积，宽1～2米，高0.6米，长度不限，堆放时尽量将小枝丫放在下面。这种堆积方法，在东北林区应用广泛，一般冬季点烧。其优点是采伐剩余物燃烧彻底且省力。

(6) 全面点烧

在皆伐迹地上，枝丫自由散步，不进行堆放，待其干枯后，即进行点烧。此法可在夏季进行，也可以在秋季防火期的后期进行。我国南方造林炼山时，也大多采用此种烧除方法。

(7) 林内计划烧除

可以在内蒙古栎林、杨桦林、樟子松林等人工林内进行计划烧除。

(8) 以火灭火

在扑火时，采用火烧法和迎面火法控制火灾的蔓延，并扑灭火灾。

3. 安全用火条件

(1) 用火的季节和时间

为保证安全用火，应选择适宜的用火季节和时间。如火烧采伐剩余物，应在冬季积雪覆盖时或植物旺盛生长季节。火烧沟塘草甸和火烧防火线时，应选择春季雪融时，或者秋季第一、二次降雪后出现的小阳春时，或者在秋后第一、二次降霜后，使大面积沟塘草甸，火烧至林缘会自然熄灭。但火烧塔头草甸子发生跑火。除用火安全期外，还应因点烧区植被状况，选择不同的用火时间，如根据情况不同，可在午后用火或者雨后用火等。

(2) 用火的天气条件

在一般情况下，火烧应在稳定的天气状况下进行。因为不稳定天气常有阵风，风向不稳定，使火行为变化不稳，易导致危险。还应选在降水后半天至3天内用火，最多不超过5天。用火当天的风速应保持在3级风以内，最大不超过4级；相对湿度应在40%～60%；气温应较低。如东北林区在秋、冬、春3季用火，气温宜在0℃左右，夏季用火平均气温在20℃以下。

(3) 用火的可燃物条件

用火前，要调查可燃物数量和分布。在一般情况下，火烧区可燃物分布要均匀，可燃物含水率应在15%～20%。如果火烧区可燃物分布不均匀，要疏散堆集过密的可燃物。

知识窗　森林火灾的行政管理

一、建立、健全护林防火组织

各级护林防火组织的主要任务是：在当地党委的统一领导下贯彻有关保护森林的方针政策；开展爱林护林宣传教育；研究与布置护林防火措施；交流推广护林先进经验；督促检查所属各级护林防火组织的工作；掌握和报告山林火灾情况；组织与扑救

山林火灾；组织有关部门调查处理火灾案件等工作。

二、建立各种护林防火制度

①行政区域负责制。②单位系统负责制。③分片划区责任制。④生产责任制。⑤家长责任制。⑥制定护林防火公约。⑦制定奖惩制度。

【思考与练习】

1. 营林防火的主要措施有哪些？
2. 简述绿色防火和黑色防火的含义和特点。
3. 简述黑色防火的技术措施。
4. 安全用火的条件有哪些？

第三章　森林火灾扑救方法

学习目标：

◆掌握森林火灾扑救的基础知识。

◆了解森林消防装备和灭火机具的类型和使用方法。

◆掌握常用的森林灭火方法。

◆掌握不同类型林火的扑救技术。

森林火灾一旦发生，必须立即组织扑救。扑救森林火灾需要掌握林火扑救原理、特点、扑救方法等，贯彻“打早、打小、打了”的基本原则，运用合理的战略战术，在保障扑火人员安全的前提下，取得扑救工作的胜利。

第一节　森林火灾扑救基础

一、森林火灾的扑救原则和基本要求

森林火灾扑救的基本特点是战线长、可燃物多、交通难、设备差、地势险、水源远、人口少、技术水平低，一旦酿成森林火灾，扑救十分困难。从我国国情出发，发生森林火灾时，要实现森林火灾的扑救原则和基本要求。

1. 森林火灾的扑救原则

(1) 打早

一经发现火情或得到火警报告，就要将扑火人员争分夺秒地调集到火场，迅速投入灭火作业。扑救森林火灾的时间性非常强，打早是打小、打了的重要前提。

(2) 打小

打小就是把森林火灾消灭在初期阶段。火灾初起，燃烧面积小，火势弱，用简单工具和少量的人力就能扑灭，扑小是实现打了的核心和关键。

(3) 打了

明火扑灭后，必须彻底消灭余火，防止死灰复燃，避免造成更大的损失，打了是打早、打小的目的。

2. 森林灭火的基本要求

扑救森林火灾的基本要求是发现早、行动快、指挥强、方法对，一般火灾要求当日扑灭，边远地区也不能超过 3 天。

（1）发现早

要打得早，必须做到火情发现得早、火警报得早。

（2）行动快

行动快就是领导上得快和火灾扑灭快。领导上得快：接到火情后，不管是小火、大火，还是近火、远火，当地政府的领导要迅速带领扑火队伍奔赴火灾现场，并亲自在第一线加强扑火指挥。火灾扑灭快：扑火队伍到达火灾现场后，先把队伍组织好，明确任务，分片包干，迅速行动，集中优势兵力，将火灾一举扑灭。得悉火警后，专业扑火队要在 15 分钟内出发；半专业扑火队要在 30 分钟内出发；义务扑火队见火就打，边打边报。

（3）指挥强

指挥应由组织调动能力强、有行政权威的人担任，火场指挥员应由具有灭火实践经验和通晓灭火机具性能的人担任。一般火灾由市、县、乡领导和村干部负责共同指挥，重大以上火灾、重点防范区森林火灾由省、市、县、乡领导及村干部共同指挥，并从当地实际出发，视火情和扑火力量，采取科学、经济和有效的扑火方法。

（4）方法对

从当地实际情况出发，采取科学、经济且有效的扑火方法，组织人力、物力，分配扑救任务，落实扑救责任。

二、森林火灾扑救原理

扑灭森林火灾的原理就是破坏它的燃烧条件，不让燃烧“三要素”——可燃物、氧气和热源（火源）结合在一起。只要消除“三要素”中的任何一个，燃烧就会停止。

1. 散热降温

使燃烧可燃物的温度降到燃点以下而熄灭。主要用冷水喷洒燃烧物质，吸收热量，降低温度，冷却降温到燃点以下而熄灭；用湿土覆盖燃烧物质，也可达到冷却降温的效果。

2. 隔离热源（火源）

使燃烧的可燃物与未燃烧可燃物隔离，破坏火的传导作用，达到灭火目的。为了切断热源（火源），通常采用开防火线、防火沟，砌防火墙，设防火林带，喷洒化学灭火剂等方法，达到隔离热源（火源）的目的。

3. 隔绝空气

断绝或减少森林燃烧所需要的氧气，使其窒息熄灭。主要采用扑火工具直接扑打灭火、用沙土覆盖灭火、用化学剂稀释燃烧所需要氧气灭火，就会使可燃物与空气形成短暂隔绝状态而窒息。这种方法仅适用于初发火灾，当火灾蔓延扩展后，需要隔绝的空间过大，投工多，效果差。

三、扑灭森林火灾的三个阶段

根据森林火灾发生规律和扑火特点，扑救森林火灾必须遵循“先控制、后消灭、再巩固”的程序，分阶段进行。

1. 控制火势阶段

控制火势阶段即初期灭火阶段，也是扑火最紧迫的阶段。其任务主要是封锁火头，控制火势，把火限制在一定范围内燃烧。只有被防火阻隔带可靠隔开，并且大火缘向里 20～30 米的火场内部没有森林可燃物在危险燃烧的林火，才可能被认为是已经被封锁住了林火。

2. 稳定火势阶段

稳定火势阶段是扑火最关键的阶段。在封锁火头、控制火势后，从已烧过的林地（包括荒地）进入火场，从林火的两翼开始，沿火场边缘扑灭明火，并在火场周围，特别是通往重要林分方向修筑防火阻隔带及用水或土对火缘进行补充处理，以便消灭火场周围地带的燃烧粒子。火被扑灭后，必须在火烧迹地上巡逻，发现余火要立即熄灭。

3. 看守火场阶段

主要任务是留守人员看守火场。有许多似乎被彻底扑灭的明火，由于一些隐蔽的燃烧在灭火时未被发现或漏过去，在刮大风的情况下又得以复燃，在被扑灭的火烧迹地上，几个小时甚至几昼夜之后又出现新的火源。一般荒山和幼林地起火监守 12 小时，中龄林地起火监守 24 小时以上，方可考虑撤离，防止余火复燃。

掌握以上灭火工序，善于在战术上加以应用，即使在不利的气候条件下，也可保证控制火势蔓延，然后保证彻底消灭森林火灾。林区居民、在林中企事业单位的工作人员，均应学会最简单的灭火方法，到森林中旅游、狩猎和参观的人员也应知道灭火方法并善于在实践中应用。

四、森林火灾扑救战略与战术

1. 森林火灾的扑救战略

(1) 以人为本，安全第一

扑火是一项艰苦的工作、紧张的行动，往往会忙中出错，乱中出事。扑火时，特别是在大风天扑火，要随时注意火的变化，避免被火围困和人身伤亡。在火场范围大、扑火时间长的过程中，各级指挥员要从安全第一出发，严格要求，严格纪律，切实做到安全打火。

(2) 划分战略灭火地带

根据火灾威胁程度不同，将森林火场划分为主、次灭火地带，可以选择以限制性地带为依托。灭火的主要战略地带是在火场附近无天然和人为防火障碍物，火势可以自由蔓延。灭火的次要地带是在火场边界外有天然和人工防火障碍物，火势不易扩大，当火势蔓延到防火障碍物时，火会自然熄灭。先灭主要地带的火，后集中灭次要地带的火。

(3) 打防结合，以打为主

在火势较猛烈的情况下，应在林火发展主要方向的适当地方开设防火线，并扑打火翼侧，防止火灾扩展蔓延。

(4) 集中优势兵力打歼灭战

集中优势兵力体现在时间和空间上兵力的集中，并非和“人多”画等号。火势是在不断变化之中的，扑火指挥员要纵观全局，重点部位重点布防，危险地带重点看守，抓住扑火的有利时机，集中优势力量扑火头，一举将火消灭。

(5) 牺牲局部，保存全局

为了更好地保护森林资源和人民生命财产安全，在火势猛烈、人力不足的情况下，采取牺牲局部、保护全局的措施是必要的。局部必须服从全局，一般必须服从重点。保护重点和次序是：先人后物，先重点林区后一般林区；如果火灾危及森林和历史文物时，应保护文物后保护森林。

(6) 知己知彼，增强战术的针对性

指挥员要熟悉扑火任务、战术要求、队伍组成、战斗力、装备与给养等情况；熟悉敌情，即熟悉火情、林情、地形，以及气象条件等，选择当地、当时最佳的灭火方法。

2. 扑救森林火灾的作战方式

扑救森林火灾一般采用“推进式”“超越式”“对进式”“围歼式”等几种方式作战。

(1) 推进式

推进式是指扑火队伍从突破点沿火线向合围地点做较长距离的连续推进，直至完成合围。这种扑救方式阵脚稳，扑灭后不易复燃。机动性较差的扑火队伍，或由于地形不利，机械难以发挥作用而扑火力量不能迅速展开的条件下多采取这种方式。

(2) 超越式

超越式是两个或几个扑火队伍沿同一火线向同方向交替超越扑打前进。具有一定机动能力扑火队伍或地形条件对超越有利时，可采取这种方式。

(3) 对进式

对进式是指两个扑火队伍，从两个地点向同一地点作对进扑救，以求迅速形成合围。合围后，利用强大的机械运输能力和有利地形迅速转移火线，继续扑救。

(4) 围歼式

围歼式是指以足够扑火力量扑救小面积火场时，采取集中全部力量四面包围扑救的方法。

3. 森林火灾扑救的战术

(1) 分兵合围

“打火要打边”和“扑火队伍要扣头”，即是分兵合围。扑火队员沿火场边缘分占多点，每个点上的扑火队伍都兵分两路，分别沿着不同方向扑打，边扑打边留下清理火场的人清理余火，直到两支（或各支）队伍会合，把火场围住，并彻底消灭之。

分兵合围应注意以下问题：①扑打的火边必须是真正的外围火；②各点上的兵力必须兵分两路打火；③各支扑火队伍必须扣头，围要围得住，不能留下任何空隙；④各占据点不要选择在顺风方向，如果有产生飞火的可能，必须派相应的兵力在下风处适当的位置巡护，发现飞火立即消灭之。

（2）以打为主，打烧结合

实战中，“以打为主，以烧为辅，打烧结合”。灭火要慎重，否则就是“防火”。通常在下列情形由专业人员点火：①点火解围；②以火灭火，点迎面火；③火烧阻火隔离带。点火时，最好以有利条件为依托，如公路、小溪、河流、防火林带、荒滩等。如果没有依托，应选择载量少且分布均匀的草地，边点火边扑火，先烧出一条带作为临时“依托”。

（3）预设控制线，阻隔林火蔓延

在火场面积较大、地形复杂、火线较长且不规则、火势发展迅猛的情况下，可以利用与火线基本平行的道路、河流、林缘为依托，采取人工开设或点烧阻隔带的方法，达到阻隔林火的目的。但需准确计算开设阻隔带所需的时间和林火蔓延到预设控制线的时间，并留有充分的余地，防止隔离带没有完成火已烧到并越过控制线，导致控制线失效并对扑火人员造成威胁。

（4）以逸待劳，选择有利时机扑灭林火

由于受上升气流的影响，上山火不仅强度高、发展速度快，而且对扑火队员的人身安全威胁也大。在火场发生上山火时，指挥员一定要全面掌握火场态势，冷静、客观地分析、判断林火发展的趋势，选择有利时机，采取科学的扑救方法，在保证人员安全的前提下将火扑灭。

利用夜间气温低、风力减弱或白天低于三级风的条件下实施灭火，寻找距离火头最近的切入点，尽量缩短行军距离，以最快的速度接近火线，并撕开一个缺口扑打。

（5）一点切入，穿插或递进式扑灭

发生火灾后一般都是从起火点开始扑打，如果前方没有道路可接近火线，火线又很长时，可采取穿插式打法。指挥员根据火线的长度，在地图上将火线分为几段，每一段的起始点都要明确具体坐标位置。由于火场在不断变化，因此，南北走向的火线应以纬度为准，东西走向的火线应以经度为准。对到达火场的扑火队伍按地理坐标下达具体的扑火任务，扑火队伍按预定的坐标到达指定位置向前扑打火线，留下后面的火线由先期到达的队伍扑打。后续队伍依次向前穿插，直至与前方的队伍扣头或扑打到前指规定的具体位置。这种战法150～200人的专业队伍扑打火线长度以3～5千米为宜。穿插路线必须选择在火烧迹地内，以确保扑火队员的人身安全。

递进式战法也是火线附近没有道路，火线长度不超过5千米，指挥员掌握2～3支队伍的情况下或火场风力较大，火势发展较快，运用其他战法不能保证扑火队员安全时采用的一种战法。扑火队伍首先在起火点或火线薄弱位置打开突破口，利用2～3支队伍或将一支队伍分成若干个作战单元，沿火线交替向前扑打。队伍之间预留200～300米长的火线，打一段，清理一段，直至完成扑火任务。

【思考与练习】

1. 简述森林火灾扑救的基本原则。
2. 森林灭火分为哪几个阶段？
3. 森林灭火的基本原则是什么？
4. 简述森林火灾扑救的常用战术。

第二节　森林消防装备和灭火机具

森林消防装备和灭火机具是做好森林防火工作的保障，直接影响林火的预防和扑救工作。森林灭火机具种类繁多，功能各异，对保护消防人员安全、提高灭火效果的作用极大。

一、扑火人员着装

1. 扑火头盔

扑火头盔（见图3—1）适用于消防队工作与防火现场，用以减缓重物对头部的冲击。配有面罩，防火、防尘，防止其对面部的伤害。头盔四周加有披肩，与扑火服连成一体，对扑火队员起到整体保护作用。

2. 扑火靴

扑火靴（见图3—2）靴底前后部模压铸成相对称的防滑网。靴底部采用65钢的钢板，防穿刺性好。靴帮、靴面采用防水面料，兼有透气性。靴帮高300毫米，既可保暖，又可防止沙尘进入。抗曲折，弯折100°不变形。

3. 扑火手套

扑火手套（见图3—3）手掌处采用纯皮制作，耐磨性强。上部加有25厘米纯棉阻燃勒，用以保护手部、小臂等部位。手背由棉布制成，提高舒适度和透气性。

4. 扑火服

扑火服（见图3—4）采用2合股纯棉帆布制成，强度高，吸水、透气性好。扑火服是橘黄色并涂有化学阻燃剂的特殊服装，配有醒目的夜光材料。它在1 000℃的火苗上炭化而不燃。

图 3—1 扑火头盔

图 3—2 扑火靴

图 3—3 扑火手套

图 3—4 扑火服

二、扑火工具和器材

单兵防火装备结构简单，便于携带，可有效武装消防人员扑灭低强度的地表火，是地面扑火人员的主要工具。灭火装置主要有扑火耙、便携式水枪及风力灭火机等。我国常用的灭火装备有二号工具和三号工具、灭火水枪、风力灭火机、灭火炮和灭火手雷等。

1. 二号工具和三号工具

二号工具、三号工具（见图 3—5）是把废旧轮胎剪切成 80～100 厘米长、2～3 厘米宽、0.12～0.15 厘米厚的长条 20～30 根，用铆钉或铁丝固定在 1.5 米左右长、3 厘米左右粗的木棒上制成的扑火工具。其形状类似扫把，携带方便，成本低，经济适用，常用于扑打灭火。扑打林火时将二号工具、三号工具斜向火焰，使其成 45°角。轻举重压，一打一拖，这样容易将火扑灭；切忌使扑火工具与火焰成 90°角，采用直上直下猛起猛落的打法，以免助燃或使火星四溅，形成新的火点。

图 3—5　二号工具、三号工具

2. 灭火水枪

灭火水枪也称灭火水泵，主要由胶囊（或塑料桶）和水枪两部分组成，如图 3—6 所示。胶囊或塑料桶是盛装水或化学灭火液体的容器，配有背带，可背负。目前灭火水枪多为背负式，背负式水枪由一个水箱及胶管、气压筒、阻燃背包、灭火液、行李包等组成。一次可装 20 千克左右的水，有效射程为 4～5 米，使用时可以集中多支水枪对准火头喷洒水，打压火头，降低火的燃烧烈度和温度，增加空气和燃烧载体的湿度。多用于扑灭初发的森林火灾、弱度地表火，或用于清理火场及水浇防火线。

3. 风力灭火机

风力灭火机主要由汽油机、离心式风机叶轮和多功能附件组成，如图 3—7 所示。其原理是利用风力灭火机产生的强风，把可燃物燃烧的热量吹走，稀释可燃性气体浓度，使火焰熄灭。风力灭火机多以小型二冲程汽油机为动力，距风筒出口 2.5 米处的风力为 20～30 米/秒，相当于 9 级以上大风。其适用于扑救火焰低于 2 米的林火，但不能用于扑灭暗火，否则越吹越旺。另外，有的风力灭火机还可接上水带或干粉盒，以提高灭火效率。

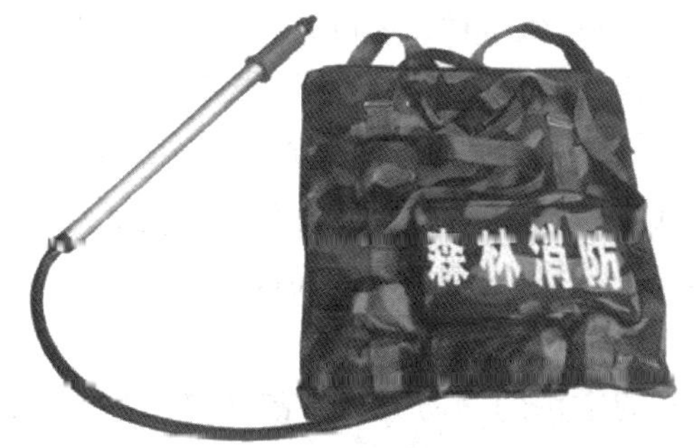

图 3—6　灭火水枪

图 3—7　风力灭火机

4. 灭火炮和灭火手雷

灭火炮（见图 3—8）外形像迫击炮，利用高压气将炮弹打出，弹体内都是灭火粉。这种“武器”对难以靠近的山火非常有效。灭火手雷里面也是灭火粉，可用来扑灭近距离山火，如图 3—9 所示。

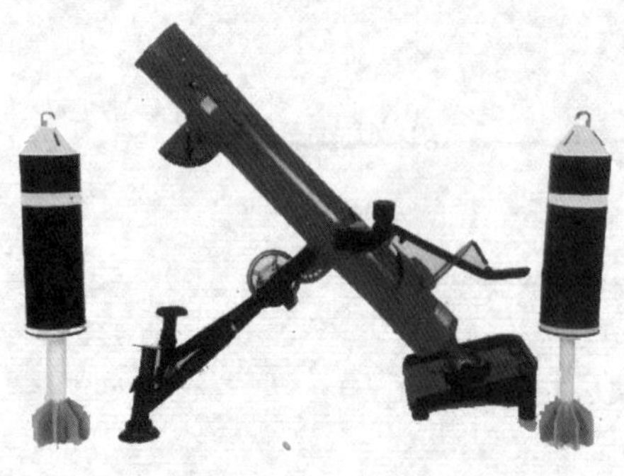

图 3—8 灭火炮

图 3—9 灭火手雷

三、森林消防水车

森林消防水车是重要的森林消防工具，在交通方便、水源充足的地区，森林消防水车能起到压制火头、快速扑灭林火的作用。国内外森林消防车辆大都以军用车、工程车或普通车辆为基础改装而成。这些消防车具有良好的越野性能和防护性能，因此，在提高消防人员机动性的同时也为他们提供了安全保障。

为了满足不同的需要，森林消防水车上可以安装不同的设备。以喷洒水系灭火剂为主的灭火车装有大容量容器和喷洒系统，容器内的灭火剂以水为主，有时会在水里添加一些化学灭火剂，以提高灭火效率。

1. “531”消防车

我国的“531”消防车以“531”装甲车为载体，载水量为 2 吨，保持了原有装甲车的性能。最大喷水距离可达 25～30 米。该车具有操作及使用简单、灭火性能好等特点。

“531”消防车是以喷洒化学灭火剂为主的灭火车，其原理是通过抛射系统将化学灭火剂抛撒到火场，它具有机动性好、精确度高、可远距离灭火等优点，是较理想的灭火装备。抛射系统主要是借鉴军用装备的发射原理，或直接利用军用装备改装而成的。

2. BXF5140GXFSG50 型水罐消防车

BXF5140GXFSG50 型水罐消防车是新开发的常用的消防灭火主战车型。配有 132 千瓦大功率柴油发动机，装载容量为 5 000 千克，水炮射程大于 60 米。采用国内先进的中低压水泡沫消防泵，特别是手控自动旋转炮系统，使灭火时更迅速、准确、灵活及有效地保证消防人员的人身安全。此车综合性能稳定、可靠，集水罐、泡沫消防车优点于一身，是国内先进、完善的消防车辆。

3. J—50 机载型森林消防车

J—50 机载型森林消防车由 J—50 整车体、特制水箱和灭火水泵三部分组合而成，可分可组，一车多用。

J—50 机载型森林消防车的人员和灭火机具的配备：驾驶员 1 名，负责森林消防车的驾驶、维修及保养。水泵手 1 名，负责灭火水泵的使用、维护及保养。灭火手 2 名，负责使用水枪灭火。水带手 3 名，负责放收和保养水带。同时，配有风力灭火机 3 台、灭火水枪 6 部、小油锯 1 台、大小斧头各 1 把。消防水车配备的水箱可载水 2.5 吨。

4. 辅助灭火车

辅助灭火车包括森林灭火救援车和工程车等。森林灭火救援车可以有效保护消防员的生命安全，还可以在大火中执行救援任务。森林灭火工程车的作用则是开辟防火道，清除森林中的杂草和树丛等。

四、航空灭火装备

森林灭火专用飞机按机体外形不同分为固定翼飞机和直升机。目前全世界在森林消防工作中大量使用一些灭火飞机。现阶段我国用于航空护林灭火的飞机主要是运－5 型飞机和米－18 型飞机，它们以喷洒掺有化学灭火剂的水进行灭火。运－5 型飞机的载重量为 1 吨，航速为 160 千米/小时；米－18 型飞机载重量为 1.5 吨，航速为 180 千米/小时。

1. 固定翼飞机

我国航空护林飞机所使用的固定翼飞机主要是运－5 型飞机，随着航空护林事业的发展，部分航站开始使用运－11 型飞机、运－12 型飞机。固定翼飞机的主要任务是巡逻报警、侦察火情、空运防火物资、化学灭火、培训观察员等。固定翼飞机载重量大，低飞性能好，有的可以自吸加水，灭火效率高。

2. 直升机

直升机是扑救森林火灾时运送扑火队员的重要工具。速度快，机动灵活性强，抗风力标准高。直升机对火场、机场和水源环境的要求低，既可搭载灭火人员，又可以利用吊桶直接灭火，还可以为地面机动泵、人力水枪等加水，是森林灭火的多面手。

航空护林直升机除用于空运扑火队员、实施机降灭火以外，同时执行巡护、索降灭火、洒水灭火、急救等任务。

直升机与固定翼飞机一样，在森林防火中发挥着不可替代的作用。

【思考与练习】

1. 森林消防装备和灭火机具都有哪些？
2. 防火服有哪些特点？
3. 森林火灾扑救时着装的注意事项有哪些？
4. 常用的森林灭火工具有哪些？
5. 飞机在森林防火中的主要作用是什么？
6. 我国主要的防火车辆有哪些类型？各有什么特点？

第三节 常用灭火方法

一、直接扑打灭火法

直接扑打灭火法是使用最广泛的方法，对于可燃物数量较少（低于1千克/平方米）、蔓延速度不快（每分钟低于2米）、火焰高度低于1.2米的火线，可直接扑灭。也可同时配合在火线开隔离带等方法灭火，一般是扑尾火。此方法十分消耗扑火队员的体力，同时要求轻举猛抽。使用的工具有树枝、扫帚、二号工具和三号工具等。

二、用水灭火法

水能够冷却可燃物，增加可燃物湿度，灭火效率较高。水蒸气能稀释燃烧区空气中氧气浓度，稀释可燃气体的浓度，覆盖燃烧表面，隔绝氧气，从而达到灭火或降低火势的目的。用压力喷出的水柱能直接冲毁正在燃烧的枯枝落叶层，使其与湿土混合，起到直接扑灭的作用，特别对扑灭树冠火十分有效。用水灭火法的机具主要有消防水车、消防水泵、灭火手泵等，还可通过人工降雨的方法灭火。

三、风力灭火法

风力灭火法是我国目前最普遍的一种灭火方法。风力灭火法的原理有三个方面：一是高速气流稀释了可燃气体的浓度，但风速要快，否则会适得其反；二是高速气流带走燃烧热量，降低温度；三是高速气流将一些轻型可燃物吹离火线，相当于隔离可燃物，有阻止火的蔓延的作用。

使用风力灭火机灭火主要有以下五种组合：单机灭火、双机灭火、三机灭火、四机灭火和五机灭火。风力灭火机一般只能扑灭弱度和中度的地表火，不能扑灭暗火和树冠火。

案例：

1. 战例摘要

2004年6月30日，北京市白云岭乡南山坡，因农民上坟烧纸引发森林火灾，烧伤2人，过火林木为4 464株（其中成林3 284株、幼株1 180株）。

此次火灾扑救共出动405人（森林公安5人、专业队40人、群众360人）、车辆30台、电台10部、工具380件（风力灭火机20台、水枪10把、二号工具150把、其他工具200件），历时3小时将火扑灭。总经济损失47.42万元（其中扑火费用0.96万元，林木损失折价46.46万元）。

2. 主要作战经过

2004年6月30日10时40分，北京市白云岭乡的农民郑某与其姐姐一同到南山坡为其母上坟。10时45分，二人到达墓地后，郑某摆放供品，其姐姐在墓地坟头的西北侧将随身携带的冥币用火柴点燃。由于当时正值草干风大之际，燃烧的冥币被风吹起后飘落到旁边的荒草上将草引燃。虽然姐弟二人奋力扑救，但由于风大草干，火势迅速蔓延，山火在风和地形的影响下迅速扩大，顺风沿山坡向山顶及东西两侧发展，当时又无其他人员帮助扑救，山火进入林地后形成树冠火，造成森林火灾。火场距北侧108国道仅500米。

火场的天气晴，东南风5～6级。

地形条件：阴坡；坡向：北；坡度：30°。可燃物为白草和灌木，林木为油松、侧柏、火炬松。

山火发生后，村委会立即组织20名村民扑救。同时将山火情况上报到乡防火指挥部。白云岭森林公安派出所于11时12分接到报警，所长立即带领两名民警于11时20分赶到火场，指挥扑救并及时展开调查工作，现场抓获肇事人郑某。

区领导十分重视山火扑救工作，多次做出重要指示并电话询问火场情况，组织了足够的扑火后备力量。副区长、区林业局局长、区森林公安处副处长先后赶到火场，亲临一线指挥扑救。

与此同时，驻扎在白云岭乡的第三森林消防队20人及部分乡机关干部赶到火场，迅速投入扑火工作。此时山火已进入林地，形成树冠火。大面积的油松已全部过火，山火被山顶的断崖阻挡后，向东西两个方向蔓延，转为地表火。

指挥人员在此关键时刻，决定运用“风卷残云（强风灭火）”战术，将扑火人员分成两组，各8人，携带8台风力灭火机，将火线分割成两段，一部分沿火线向东扑打，另一部分沿火线向西扑打。

11时30分，山火已基本得到控制。11时40分，乡政府组织300余人赶到火场清理余火。13时10分，区第一森林消防队20人赶赴火场增援。他们到达时，北侧和西侧的山火已扑灭。第一、第三森林消防队合力迅速将南线山火扑灭，此时为14时10分，山火全部被扑灭。留守25人清理余火，看守火场。16时30分，经区防火指挥部检查验收后，全部人员撤离火场。

3. 战例分析

（1）上坟烧纸的陋习是这次山火发生的主要原因。其次是该地的管护存在明显漏洞，上坟烧纸人员没有得到严格控制。火场气温高，地形复杂，加之起火点位于山坡底部，坡向位于迎风面，火借风势，风助火威，形成上山火，火灾发展迅速，短时间内形成了树冠火。通往火场的山路不畅、人员行走不便是此次火灾扑救不及时的客观原因。

（2）在火灾转化为地表火后，扑救人员及时采用“风卷残云（强风灭火）”法，是火灾得到有效控制的重要手段。在森林防火工作中，当地应进一步加大宣传力度，提高群众的护林防火意识；加强护林队伍的责任落实，加大对上坟烧纸的排查力度，抓好林地周围特别是坟地及其他可燃物的清理工作；加强道路等基础设施建设，提高扑火队伍的快速反应能力。

四、以火攻火法

有一种方法称为点烧迎面火法，即当发生树冠火或大火逼近，来不及设防火线时，在火头前方点火，在人工控制下使火向火头方向蔓延，两个火头相遇后火立即熄灭，此方法以河流、道路等有利地形为控制线，在火头前方用枯枝落叶做堆，人为控制风向，将所有堆同时点火。这种方法技术含量较高，如操作不当可能得到相反的效果，甚至对扑火队员有很大危险。所以应特别慎重，挑选有丰富灭火经验的人员在现场指挥，千万不可轻率行动。

使用此方法时，应注意多点顺风火、上山火，少点逆风火、下山火，严禁点沟谷火。

另一种方法称为火烧防火线法，当火头前方的隔离带（如道路、河流等）不能起到有效隔火作用，或使用机械或人力来不及加宽防火线时，可以采用火烧法开设防火线。在火烧时应尽量利用道路、河流等作为控制线。在控制线到火场之间点火。通常在控制线一侧点带状顺风火，第一条带宽以5～10米为宜，不宜过宽，以防止火越过控制线；第二条带可稍宽一些，为10～15米。待点烧4～5条带（80～100米宽）时，向火场方向点侧风头，使火逆风烧向火场，遇到火头后熄灭。

火烧法以防火线、天然障碍物、道路等为控制线，迎着火头点火。因有隔离带等控制线控制，点放的迎面火只朝林火火头的方向蔓延，所以当两个火头会合时，会使火自行熄灭。常用的方法有单一火烧法和多层火烧法两种。用单层火烧阻截不住火头时，可再烧一层，加宽隔离线以阻止火的蔓延，称为多层火烧法。

案例

1. 基本情况

2002年12月24日1时40分，西藏林芝地区因村民吸烟引发森林火灾。武警林芝森林支队奉命出动75名官兵参战，战斗中成功运用“针锋相对（以火攻火）”法，经过5天零5小时40分钟的连续奋斗，出色地完成了灭火作战任务。本次战斗共动用指挥车1台、运兵车2台、电台1部、卫星电话1部、对讲机8部、GPS定位仪4部、测风仪2部、风力灭火机10台、灭火水枪18支、二号工具42把、油锯2台、点火器4个。

2. 作战经过

火灾发生后，林芝地区森林防火指挥部命令武警林芝森林支队出动参战，支队接到作战任务后，立即召开作战会议，通报火情，分析火场态势，并根据火场地形起伏较大、林地植被干枯、可燃物载量大的实际情况，作出以下分析结果：

（1）集中优势兵力控制火势发展，防止大火继续蔓延，并确保兹巴沟自然保护区、扎拉村、各孟弄巴沟山脚下的木材加工厂和察隅县县城等重点目标的安全。

（2）出动兵力75人，其中支队前指5人、波密中队30人、林芝中队10人、察隅中队

30人。

（3）根据火场发展态势，采取“针锋相对（以火攻火）”法实施灭火。

（4）支队前指于25日15时30分前在察隅河以东开设完毕。

第一阶段：消灭明火，开设防火隔离带（24日2时20分至26日19时30分）。

24日1时50分，中队奉命出动30人向火场摩托化开进，于2时20分到达火场并投入灭火战斗。参战官兵采取“分击合围”的方法从火场西南方向突入火线，短时间内控制了明火。由于地形复杂，风向多变，加之兵力不足，部分地段复燃，火势迅速向西、南方向蔓延，直接威胁兹巴沟自然保护区和扎拉村的安全。中队指挥员及时调整部署，立即机动至火场西线，以鲁朗沟为依托，在扎拉村至鲁朗沟沟顶之间点烧了2千米长的防火隔离带，以逸待劳，有效控制了火势向兹巴沟自然保护区的发展，保证了扎拉村150名群众生命财产的安全。

25日15时10分，支队前指摩托化开进至察隅河以东地域，并于15时40分到达火场，与地方森林防火指挥部组成联合指挥所。据火场侦查组报告，南、北、西三线明火已完全控制。但火场东线有一段200米长火线正向木材加工厂蔓延，前指决定沿各孟弄巴山谷采取“针锋相对”法，最终将火头消灭在山脊一线。

20时，察隅中队30名官兵在地方群众和林业职工的配合下，以火场南线的察隅河和各孟弄巴山谷为依托，迅速开设了约3千米长的防火隔离带。20时30分，将火头阻截在察隅河以西一线。

25日22时30分，波密中队30名官兵摩托化开进至支队前指位置待命。26日8时，支队副参谋长带领波密中队20名官兵和察隅中队20名官兵对隔离带附近明火实施扑救。19时30分，明火被全部扑灭。20时30分，联指对火场进行了巡视，决定部队就地宿营，27日开始清理余火。

第二阶段：清理余火（27日7时30分至28日18时）

27日7时30分，支队前指重新调整部署，决定由支队副参谋长带领察隅中队20名官兵沿各孟弄巴山谷向上清理火线。波密中队中队长带领20名官兵沿各孟弄巴山谷至扎拉村一线实施清理。波密中队由副中队长带领10名官兵沿各孟弄巴山谷至扎拉村公路摩托化巡护。察隅中队由副中队长带领10名官兵沿扎拉村至鲁朗沟一线进行清理。支队前指要求各参战单位清理宽度必须达到50米。27日8时；各参战单位准时到达预定位置并立即投入战斗。28日18时，全部完成清理任务。

第三阶段：撤离归建（29日7时30分至30日18时）

29日7时30分，联指下达撤离火场命令。7时50分，支队前指与当地林业部门完成火场换班。8时，部队摩托化返程。30日18时归建。

3. 评析

由于此次作战环境复杂，地势险要，部队驻地距离火场远，盘山路多且路况差，兵力的合理部署、方法的正确选择对完成作战任务尤为重要。支队前指根据火灾发展态势适时调整兵力部署，在南、北、西三线火势得到控制后，立即集中兵力，控制东线火势，及时采取“针锋相对”法，仅用 2 小时 40 分钟便结束战斗，堪称成功运用以火攻火法的经典案例。

五、开隔离带法

开隔离带法用于扑救林冠火和高强度地表火，并结合点烧迎面火，以火攻火。隔离带的宽度应考虑植被高度、火烧高度、当时风力大小、地形条件及人力多少等因素综合分析而定，一般不小于 10 米。风口、陡坡、树木及植被茂密的地段要加宽。开设隔离带时，要把带内的可燃物，如倒下的树木、杂灌等彻底清理掉，放在火场外侧，以防止火头烧到隔离带边缘时火势增大，或造成飞火，增加扑救难度。隔离带应按照事先确定的地点、走向、距离和标准全部贯通，不能留有不相连接的缺口。

开设隔离带要讲究经济效益。火线与隔离带的距离要适当，因为距离大，中间舍掉的森林资源就多。何处保，何处舍，要权衡利弊，不能随意放弃一片林、一棵树。

许多森林火灾伤亡事故发生在开设隔离带的现场。主要有三种情况：在山谷开设隔离带，被火封住谷口的退路，如云南青龙寺伤亡事故；在山脊线中间开设隔离带，上山火形成强烈的冲火，对山脊线中间，特别是鞍部的人员造成伤害，如云南桐关伤亡事故；开设隔离带封切侧坡火，距离把握不准，隔离带还没开通，如果山脚火线首先突破隔离带，剩下的可燃物使火势快速燃烧形成猛烈的上山火，将人员退路封住，如黑龙江绥阳伤亡事故等。

采取开设隔离带灭火，要慎重处置两个问题。

一是要确定合理的距离。火线与隔离带的距离要根据林火蔓延速度和完成开设隔离带的时间来确定。完成开设隔离带的时间，一定要早于林火蔓延到隔离带的时间。否则，隔离带没有形成，林火就蔓延过来了，前功尽弃。距离太远开设隔离带，火还没烧到，就被扑灭，隔离带没有作用。故此应充分考虑火的蔓延速度和天气、地形、扑火人员数量等条件，确定合适的位置。

二是要正确选择开设位置。不能沿沟谷开设，不宜沿山脊线开设，正确的开设位置要选择在迎火头的山脊背坡，尽可能利用河流、小溪等自然条件和道路、农田等人为条件。如在平缓林地，隔离带方向应与风向垂直，如在山坡林地，隔离带要环山开设。

六、挖隔火沟法

挖隔火沟法用于地下火扑救，通过开设生土带、防火沟等隔断地下火，最好挖到湿土层或沙石层上。

七、爆破灭火法

爆破灭火法使用的炸药主要有 TNT 和黑索金。利用炸药进行爆破时可以降低空气中的氧气含量，达到灭火目的。爆炸时产生的强大气流掀起沙、土、石，可以把可燃物覆盖起来，隔绝空气降低火势，爆炸后形成的沟、坑也会促使林火熄灭。但此种方法仅适于偏远的、人烟稀少的林区。爆破灭火法对阻截高强度的地表火和地下火十分有效。

八、土埋灭火法

土埋灭火法适用于枯枝落叶层较厚、森林杂乱物较多的地方，特别是林地土壤结构较疏松，如沙土或沙壤土更便于取用，以土灭火法是以土盖火，使火与空气隔绝，从而使火窒息。如果以湿土灭火会同时有降低温度和隔绝空气的作用。

土埋灭火法的优点是就地取材，效果良好。对降低火势阶段和熄灭余火阶段的扑救效果明显。在火场清理中，用土埋法灭火来熄灭燃烧的风倒木、腐朽木等，防止死灰复燃也是十分有效的。工具以锹、推土机为主。

知识窗　森林火灾十打歌

火强我弱间接打，我强火弱直接打。
突破火线分开打，队伍扣头合力打。
上山火要撵着打，下山火要堵着打。
险地火不能去打，安全地带坚决打。
集中优势御底打，火变我变灵活打。

【思考与练习】

1. 常用的灭火方法有哪些？
2. 以火攻火主要应用于哪些方面？其原理是什么？

第四节　不同类型林火的扑救技术

一、不同范围的林火扑救技术

1. 地表火

地表火也称地面火，是最基本的燃烧类型，向上发展是树冠火，向下蔓延是地下火。地表火烧毁地被植物，烧伤大树基部和露出地面的树根，危害幼林、下木，在各类森林火灾中，地表火发生概率最高。按其蔓延速度和危害性质分为两种：

一种是急进地表火。蔓延速度快，一般每分钟在5米以上，燃烧不均匀，常留下未烧的地块，有的乔灌木都没有被烧伤，而只烧掉林地中的干枯杂草。火烧迹地形状一般为椭圆形或顺风伸展的长三角形，急进地表火受大风和坡度影响较大。

另一种是稳进地表火。蔓延速度慢，通常每分钟在5米以下，烧毁所有地被物，燃烧时间长，温度较高，燃烧彻底，火烧迹地形状多为椭圆形。

地表火属于低强度的火，多数情况下扑火人员能够靠近，可使用二号工具、树枝、砍刀、风力灭火机和背负式灭火水枪等直接扑打，根据火场风向、地形、可燃物等因素可以采用不同的扑打战术和方法。

2. 树冠火

当地表火遇到枯立木、低垂树枝，加上风力猛烈时便会形成树冠火，树冠火的特点是火势大，蔓延快，温度高，不易扑救，并可能产生火旋风等危险火行为。甚至温度可达900℃以上，火焰高达几千米。树冠火破坏性大，不易扑救。根据火势的蔓延分为两种：

一种是急进树冠火。火焰在树冠上呈跳跃式前进，速度极快，每小时可达8～25千米。

另一种是稳进树冠火。火势蔓延较慢，速度为每小时5～8千米，燃烧比较彻底。

发生树冠火不能采用直接扑打的方法，一般采用开设隔离带或选择有利地形地物作为依托线，点迎面火的办法进行扑救。

扑打树冠火，不能急躁，需耐心等待，把握战机再行扑灭。一般来说，高强度的树冠火持续时间不会太长，如果遇到大风等恶劣天气，持续时间会较长。受地形影响，上山树冠火异常猛烈，这时需暂避锋芒；待火头越过山顶，转为下山火时，火势较弱，就可以实施灭火。

3. 地下火

在林地腐殖质层或泥炭层燃烧的火叫地下火。地下火燃烧在看不到的地下，没有火焰，只有烟。地下火蔓延缓慢，温度很高，破坏力强，能持续几天、几个月或更长时间，能烧掉腐殖质和树根，火灾后大量林木被烧死，地下火火势强度虽然不大，但能导致森林植被大量死亡。一般采用挖隔火沟的办法，将火隔离，或采用以水灭火法。

地表火、树冠火和地下火可以单独发生，也可以并发，特别是特大森林火灾，往往是三类火灾交织在一起。一般先由地表火开始，烧至树冠则形成树冠火，烧至地下则引起地下火。通常针叶林和异龄混交林易发生树冠火，阔叶林易发生地表火，在长期干旱年份容易发生树冠火或地下火。据统计，在发生的森林火灾中，地表火占90%以上，其次为树冠火，地下火最少。

二、不同蔓延方向的林火扑救技术

1. 上山火

上山火又叫冲火，是指由山下向山上蔓延的火，正如俗话所说的那样，火往高处走。由于谷风的作用，白天的上山火是顺风火，蔓延速度快，火势猛烈，这时燃烧的山坡上部就是扑火造成伤亡的最危险地形，难以扑救。此时，扑火队员如果靠着一时冲动，选择这样的地形和时机，越过山岭向下截击上山火，会造成严重伤亡。正确的做法是，此时扑火队员不越过山岭，而是待火蔓延过岭脊部而转为下山火时，选择恰当的地点突入火线扑救。

上山火的速度与坡度成正比关系，坡度越大，火的速度越快。坡度大约每增加 20°，速度增加一倍。在夜间的上山火则受山风抑制，是逆风火。其蔓延速度远远低于白天，夜间的上山火不容易蔓延到山顶，这也是夜间山火容易扑灭的原因之一。上山火速度与坡度的关系如图 3—10 所示。

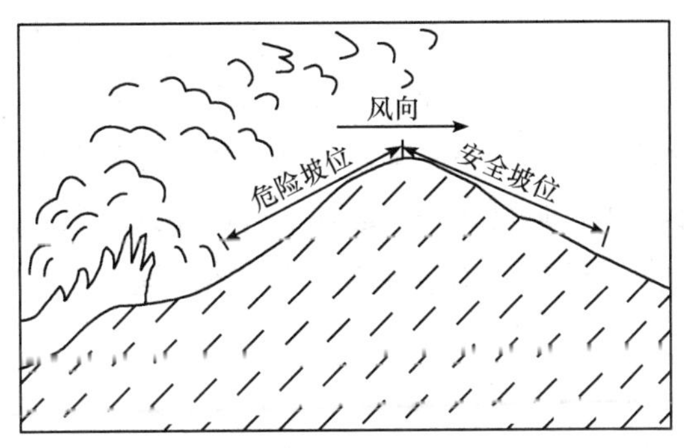

图 3—10　上山火速度与坡度的关系

特别要强调以下两点：一是组织扑救上山火，不能在山腰处拦截火头，不能从上山火火头的坡面上方行军进入火场，否则，可能会发生事故。二是当可燃物、地形和天气条件等条件恶劣，火势较大，难以控制火头时，扑火人员需耐心等候和寻找战机，比如待火烧过山顶或山脊，往下蔓延成下山火时；林火烧至可燃物稀少地段时；林火蔓延至难燃可燃物处时；风减弱时，再扑救。

2. 下山火

下山火从山上向下蔓延，火速慢，火势弱，危险性小，容易打灭，必须抢时间迅速扑打，争取将下山火消灭在向山下蔓延阶段，防止火势蔓延至草甸或大片林内。

下山火要先攻火头，从火头两侧夹打，然后将火线分成几段，各个击破，在坡底彻底消灭，力争使火不越过山沟。如果是封山育林好的地方，可燃物较多，必须从侧面一步一步扑打前进，万万不可居高临下扑打，这样危险性大，容易滑倒，造成人员伤亡。

3. 侧坡火

侧坡火是指从山脚到山脊形成一条火线，在主风方向下，顺着山坡侧向燃烧。扑打侧坡火顶部火线，应迂回穿插，自上而下封切；扑救山下部火线，应自上而下扑打。由上往下封切火线有两种方法，一是直接扑打，二是当火势较大，难以扑打时，可以寻找依托线，迅速清理可燃物，一边清理可燃物，一边点火攻火，一边清理余火。由上往下封切火线的队伍一定要有经验，否则不易成功。由上往下封切火线的队伍和自下向上扑打的队伍会合后，火场就得到了控制。

三、不同时段的林火扑救技术

1. 初发火

快速扑灭初发火，是扑灭森林火灾的关键，小火不灭就成大火，必须把火控制在一定范围内，堵住火头，不让它扩展，做到“打早，打小，打了”。

初发火火势弱，面积小，只要扑火大队及时赶到，就可迅速将火扑灭，但森林火灾一般发生在11：00—16：00，此时气温高、风力强，如不及时扑灭就会导致火势强度达到中、高等级，扑救工作就会变得十分困难，容易造成伤亡事故。除上述客观原因，在火灾发生初期，当地群众往往自发上山进行扑救，缺乏扑救经验和安全常识，进入险地而被火包围。

此时应由专业的扑火队伍采用“中间穿插控制火势，尾随夹击扑打两头”的战术。将优势集中的力量沿火线穿插上山，追赶火头，避开强火，扑打弱火。使用有效的扑火工具（如水枪等）迅速将其消灭，负责扑打火尾和两侧火线的队伍要先尽量减弱火势，最后集中扑打明火，同时进行清理。

火势不强的林火，不要超过5小时。如果风力较大，无法直接扑灭，需采用开设隔离带法或以火攻火法来间接扑灭林火。

2. 夜间火

夜晚温度低，湿度大，风力也较弱，可燃物含水率高，火势强度及蔓延速度都比较低，甚至低洼处上山火会出现不打自灭的现象，相对于白天容易扑打，余火、残火也容易清理。

夜间扑火时应准备照明工具，由当地熟悉地形的人作为向导带路，为使人员安全，扑火队伍要在火烧迹地休息。一般来说，如果不是很大的火可以直接扑打，实现火不过夜，并且认真清理火场，以免天亮气温逐渐升高，风力加大出现复燃。由于夜晚照明条件与地形不熟等原因，经常会造成人员摔伤与迷路等事故。

夜间扑火需要做到：需要有夜间作战经验的队伍上山扑火；人员休息要在火烧迹地，不能在草丛中；不到陡峭地带扑火，请熟悉当地地形的人做向导；准备照明工具、扑火工具、通信工具等。

3. 凌晨火

凌晨火较易扑灭，凌晨时分空气湿度大，燃烧物保水度相对较高，风小火弱，有利于扑火工作。但后续检查工作要细致严谨，防止可燃物复燃。

【思考与练习】

1. 急进地表火与稳进地表火的区别是什么?
2. 扑打初发火的原则是什么?
3. 扑打夜间火需要注意的问题有哪些?
4. 上山火和下山火有哪些特点?采用哪些方法扑打?

第四章　森林灭火安全

学习目标：

◆掌握森林灭火安全工作的基础要求。

◆了解森林灭火危险环境及人员伤亡原因。

◆掌握火场紧急避险的方法。

◆掌握森林火灾火场紧急救护的方法。

森林灭火是一项非常危险的工作，为了保证灭火安全，要加强相关的安全教育，了解森林灭火着装安全、行进安全、火线安全、宿营安全、饮食安全、后勤保障等安全基础，熟悉森林灭火的危险环境，并具有森林火场紧急避险以及紧急救护的能力。

第一节　森林灭火安全工作基础

森林消防，安全第一。森林消防的首要任务定为保护人身生命安全，其次才是财产和自然或文化资源的保护。森林火灾扑救安全的基础包括着装安全、行进安全、火线安全、宿营安全、饮食安全、后勤保障等。

一、着装安全

扑火中要保护扑火队员不被火灼伤，要做到“三要两不要”。

“三要”：扑火队员要穿阻燃服或棉料服装；要穿长袖、长裤，皮肤不能裸露在外；要配备高帮鞋、防火头盔、手套、毛巾、砍刀、呼吸保护器等。

“两不要”：扑火队员不要穿化纤服装，特别是不能穿化纤的袜子和内裤，因为化纤服装受热时熔化，紧贴在皮肤上，会增加对皮肤的伤害；不要只穿单层服装。

二、行进安全

1. 谨记不要从顺风侧坡火的下方进入火场。

2. 谨记不要从上山火的火头上方进入火场。

3. 谨记不要冒险翻越山脊。

4. 谨记经过峡谷或山沟时，要特别留心，防止大火袭击。

5. 临近火场，看不见火线，却感到烟尘的存在，谨记防止大火袭击。

6. 谨记保持行进队伍通信畅通。

7. 谨记指挥员要配备扑火指挥地形图。

8. 谨记异地扑火和夜间扑火要有向导带路。

9. 谨记夜间扑火要配备照明工具，夜间行军要紧跟队伍，防止走失。

10. 谨记进入火场、转移扑火、撤离火场时注意行军安全和交通安全。

三、火线安全

扑救森林火灾，扑火队员要熟悉危险环境，掌握火行为变化，提高紧急避险能力。做到“五懂五能”：懂扑火指挥，能统一指挥；懂林火行为，能避强打弱；懂战术方法，能成功灭火；懂危险环境，能防患于未然；懂火场自救，能紧急避险，确保扑火阶段安全。

1. 不能在山腰或山腰凹形谷地直接灭火或开设隔离带拦截上山火。

2. 扑火队员应从两翼接近火线，严禁正面逆风迎火头扑打。

3. 不能从下往上扑打上山火。

4. 危险天气、危险时段不要进入陡坡、狭窄山脊、草塘沟等危险地形。

5. 正确开设隔离带，要结合以火攻火。

6. 夜间不能在危险的山上扑火。

7. 不能顺风逃生，不能从鞍部逃生，不能向未燃烧的山上逃生。

四、宿营安全

1. 应选在火场逆风的火尾或两侧，不能选在顺风火头的前方、侧方。

2. 扑火队员进入火场后，最好吃、住都在火线，坚持在火线扑火，一旦有危险，可以迅速撤到火烧迹地，保证安全。

3. 不能在未烧的草地上歇息。

五、饮食安全

扑火队员的食品必须新鲜，以防止食物中毒。饮水要注意卫生，不饮凉水、脏水。喝少量酒可御寒，还能缓解疲劳，但不能多喝。

六、后勤保障

扑救森林火灾是一项异常复杂和艰苦的工作，除了认真组织好第一线扑火战斗外，还需各部门多方面配合，做好后勤保障工作，才能确保扑火顺利进行。

1. 交通保障

扑火要调集大量的人员、运送物资，因此应有足够的车辆供给扑火指挥部调动使用。参加扑火的车辆既要做到在最短时间内把人员、物资运送到目的地，也要注意安全，特别是在崎岖的山路上行驶时。

2. 通信保障

目前，扑救森林火灾使用的通信器材主要有对讲机和移动电话，携带方便，便于联系，在指挥扑火战斗中发挥重要作用。但是，也存在一些问题，主要是通话质量较差，电源使用时间有限。故此上山前应带上备用电池。

3. 医疗保障

扑救森林火灾过程中，难免出现伤亡事故，故此医疗队伍要跟上，对受伤人员及时治疗，伤势重的进行应急处理后，立即送往医院救治。

【思考与练习】

1. 着装安全的注意事项有哪些？
2. 如何理解“五懂五能”？
3. 扑救森林火灾时，如何保证自身安全？

第二节　森林灭火危险环境及人员伤亡原因

一、危险天气

1. 大风天气，风力超过 5 级

大风是造成扑火人员伤亡的主要天气因素，风力超过 5 级，风助火威，如风向突变，会造成扑火人员置身被火包围的危险境地。

2. 高温低湿的危险时段

危险时段是指 12：00—18：00，尤其是 14：00—16：00，气温最高，湿度最小，燃烧强度大，蔓延快，风向易变。火场烟尘大，能见度低，火行为变化极复杂，扑救难度大，如

果选择在这个时候扑火，容易造成伤亡事故。

3. 持续干旱超过 10 天

林区持续干旱超过 10 天，可燃物极为干燥，易发生高强度林火，形成危险的天气因素。持续干旱超过 20 天，极易发生重大森林火灾，造成人员伤亡的危险性极大。

二、危险可燃物

危险可燃物储量大，含水量低，形体细小，易燃性强，也是形成扑火危险环境的重要因素。危险可燃物有以下几种：

第一，阳山草坡，植被高度在 1.5 米以上，1 平方米可燃物重量在 2 千克以上，在不利地形和气象条件下，容易造成危险环境。

第二，针叶幼林中地表火和林冠火同时存在，在不利的气象条件下，也易造成扑火危险环境。

第三，易燃灌丛和喜光杂草镶嵌的林分，燃烧强烈，且持续时间长，非常不易控制，在不利气象条件下，极易造成危险环境。

第四，可燃物数量多，燃烧强度大，林地陡坡大，容易形成立体燃烧，扑火容易造成伤亡。

第五，梯形可燃物分布，是指异龄级的林地，可燃物为垂直分布，火一旦烧入易产生树冠火，形成立体燃烧。

三、危险地形

危险地形能影响局地气象条件，造成火势突变，使火场火势难以控制，容易造成扑火人员死亡。如坡向，一般情况下，北半球南坡林中土壤湿度比北坡小，植物体内含水量低，容易发生火灾。又如坡度，坡度大，降水径流量大，林中较干燥，所以，坡度大的山坡易发生火灾。而且一旦有林火燃烧起来，由于山谷风的作用，白天会加速林火向山上蔓延，阻碍林火下山。晚间则相反。另外，在山的背风坡，因焚风效应的影响，容易形成高温、干燥的气象条件，诱发森林火灾。最后，山区地形条件复杂，不利于开展火灾的扑救，导致小火酿成大火，重大火灾和特大火灾发生概率较大。

1. 山脊

山脊受热辐射和热对流的影响，温度极高。如果燃烧发生在山脊附近，林火行为瞬息万变，难以预测。

2. 鞍部

鞍部受昼夜气流变化的影响，风向不定，是火行为不稳定且十分活跃的地段。当风向与鞍部平行时，将产生强度高、蔓延速度快的林火，是林火快速发展的地段。

3. 狭窄山谷

当火烧入狭窄山谷时，会产生大量烟尘并在谷内沉积，随着时间的推移，林火对两侧陡坡上的植被进行预热，热量逐步积累，一旦风速发生变化，火势突变会形成爆发火，如果灭火人员处于其中极难生还。

4. 单口山谷

三面环山的单口山谷俗称“葫芦峪”。单口山谷为强烈的上升气流提供通道，很容易产生火灾。

5. 草塘沟

草塘沟为林火蔓延的快速通道，因此，草塘沟燃烧时，火会向沟两侧的山坡燃烧，形成冲火。

6. 陡坡

上坡火随着坡度增加，火的蔓延速度加快。不论是上坡火，还是下坡火，在陡坡蔓延速度快，火势强，火场难以控制，扑火人员难以脱险。

四、危害气体

1. 一氧化碳（CO）

一氧化碳气体是无色、无味、无刺激性的气体。一氧化碳是在没有控制的燃烧条件下产生含量最大、最典型的有毒气体。

一氧化碳吸入人体后与血红蛋白（血液中的带氧成分）结合成碳氧血红蛋白，严重阻碍血液携氧及解离能力，导致低氧血症，引起组织缺氧及碳酸蓄积，形成内窒息。一氧化碳与血红蛋白的亲和力比氧大 200～300 倍，而碳氧血红蛋白的离解又比氧合血红蛋白慢，所以大量一氧化碳一旦进入血液，就会干扰氧的传递，导致组织缺氧而造成中毒。一氧化碳还会与体内还原型细胞色素氧化酶结合，直接抑制组织细胞的呼吸而导致组织缺氧。中枢神经系统对缺氧特别敏感。当人员在火场上吸入一氧化碳中毒时会造成神志不清和昏迷等。

空气中一氧化碳浓度对人体的影响见表 4—1。

表 4—1　空气中一氧化碳浓度对人体的影响

空气中 CO 含量（%）	中毒症状
0.02	2～3 小时出现轻度头痛
0.04	1～2 小时出现头痛、恶心
0.08	40 分钟出现头痛、头晕、恶心、痉挛，2 小时内丧失意识或虚脱
0.16	20 分钟出现头痛、头晕、恶心、痉挛，2 小时内昏迷致死
0.32	5～10 分钟出现头痛、头晕、恶心、痉挛，30 分钟昏迷致死
0.64	1～2 分钟出现头痛、头晕、恶心、痉挛，30 分钟昏迷致死
1.28	1～3 分钟致死

2. 二氧化碳（CO_2）

二氧化碳气体是一种无色、溶于水、略带酸味的气体。一千克木材（含 50%的碳）完全燃烧可产生约一立方米的二氧化碳。二氧化碳是一种主要的燃烧产物，有轻度毒性。

空气中二氧化碳浓度对人体的影响见表 4—2。

表 4—2　　空气中二氧化碳浓度对人体的影响

空气中 CO_2 含量（%）	中毒症状
1～2	不适感觉
3	呼吸中枢受到刺激，呼吸和脉搏加快，血压升高
4	有头痛、眼花、耳鸣、心跳等症状
5	呼吸困难
7～10	数分钟内失去知觉，以至死亡

二氧化碳浓度在 1%～2%时，人才会有不适感觉；在 3%时，呼吸中枢受到刺激，呼吸和脉搏加快，血压升高；在 4%时，有头痛、眼花、耳鸣、心跳等症状；在 5%时，人呼吸困难；在 7%～10%时，人在数分钟内失去知觉，以至死亡。

3. 氯化氢（HCl）

氯化氢是一种有刺激味的气体。含氯的树脂及其塑料制品燃烧时会产生氯化氢气体，其中聚氯乙烯尤为严重。氯化氢具有强酸性，因此，对皮肤和黏膜有刺激性和较强的腐蚀性。在氯化氢浓度高的场所，会加剧刺激眼睛，引起呼吸道发炎和肺水肿。

空气中氯化氢浓度对人体的影响见表 4—3。

表 4—3　　空气中氯化氢浓度对人体的影响

氯化氢的含量（1×10^{-6}）	对人体的影响
0.5～1	感到轻微的刺激
5	对鼻子有刺激，有不快感
10	强烈刺激鼻子，不能坚持 30 分钟以上
35	短时间刺激喉咙
50	短时间会引起人体不适
100	有生命危险

4. 氮的氧化物

氮的氧化物气体包括一氧化氮（NO）气体和二氧化氮（NO_2）气体，前者是无色气体，后者是红褐色气体并具有令人讨厌的气味，有毒。主要作用于呼吸道，遇呼吸道中的水分可形成硝酸，对肺部产生强烈的刺激作用和腐蚀作用。轻度中毒症状为胸闷、咳嗽、咳痰；重度中毒症状为昏迷、肺水肿等。

空气中氮的氧化物浓度对人体的影响见表 4—4。

表 4—4　　空气中氮的氧化物浓度对人体的影响

氮的氧化物含量		对人体的影响
%	毫克/升	
0.004	0.19 左右	长时间作用无明显反应
0.006	0.29 左右	短时间内气管即感到刺激
0.01	0.48 左右	短时间内刺激气管，咳嗽，长时间作用有生命危险
0.02	1.2 左右	短时间内可迅速死亡

5. 氰化氢（HCN）

氰化氢气体为无色、略带杏仁气味的剧毒气体。毛织品、丝绸、丙烯酸及某些木材、纸张，在火灾中能产生氰化氢气体。氰化氢被人体吸入后，其氰根可与细胞色素氧化酶三价铁结合，使生物氧化酶活性降低，引起体内细胞缺氧而窒息。轻度中毒症状为头痛、恶心、胸闷，重度中毒症状为意识丧失、痉挛、脑水肿、肺水肿而死亡。当人吸入浓度为 0.3 毫克/升的氰化氢时可立即死亡。

五、火场人员伤亡原因

火场发生人员伤亡有一个过程：正常发展的火线，在复杂地形、恶劣气象条件和燃烧物质的综合作用下，火势在极短时间内发生突发性改变，使灭火指挥员、灭火人员惊慌失措，指挥失控，盲目冲击，烟尘和热辐射很快对人体产生直接的伤害作用，直至中毒昏迷和窒息，最后被烧伤或烧死。

通过对近年来发生人员伤亡案例的分析，造成人员伤亡的原因主要有以下几类：

1. 组织指挥失误

在灭火作战中，指挥员，特别是一线指挥员，由于心理准备不足或判断有误，致使灭火分队处于危险境地而造成人员伤亡。其主要原因有指挥员缺乏林火常识，实战经验不足，遇到险情惊慌失措，无法应对，盲目处置；也有对火场侦察不翔实、情况不明、分析判断有误、接近火线时机不正确、路线把握不准、突破点选择失误等。

2. 防护装备性能欠佳

防护装备是实施紧急避险的物质基础。当前，由于财力所限，森林部队的防护装备种类少、数量少、效能差。除了防火服、防火靴、防火头盔之外，其他防护装备和器材比较少。现有防火服装耐火性能较差，难以阻隔高强度火的辐射和燃烧。从近年来发生伤亡的案例看，伤亡人员暴露部分的着装几乎全部被强烈的热辐射烧焦。对呼吸道的防护也多采用简便办法，如用湿毛巾捂住面部等。纵观一些伤亡案例，如果有高效能的防护装备，伤亡概率就会大幅度降低。

3. 顺风逃生

火顺风蔓延速度最高可达 8 千米/小时，并能连续燃烧，火因随风飘移，风速往往大于人行动速度，因此，在火前方逃生最容易造成人员伤亡。

4. 向山上逃生

在相同条件下，上山火蔓延速度快于火在平地燃烧速度。火向山上燃烧时，坡度越大，火蔓延速度越快；而坡度越大，人上山的速度越慢。所以，在火前方上山逃生是极其危险的。

5. 经鞍部逃生

鞍部因受两侧山头和山体的影响，会形成“漏斗”状的通风口，风从鞍部通过时风速会成倍增加，为此，当大火威胁人身安全时，从鞍部逃生极易发生伤亡。

6. 迎风扑打火头

火头是整个火场火墙最厚、强度最高、蔓延速度最快的部位，因此，迎风扑打火头非常危险。

7. 在草坡、灌丛中避险

草坡是林火蔓延的快速通道。草坡中的草本可燃物属于细小可燃物，释放能量快；灌丛生长茂密，容易燃烧，燃烧时火强度大。因此，在草坡、灌丛中避险容易造成伤亡。

【思考与练习】

1. 森林灭火中危险环境包括哪些?
2. 火场中主要危害气体有哪些?
3. 危险地形包括哪些?
4. 简述火场人员伤亡的主要原因。

第三节　火场紧急避险

灭火作战是人与自然灾害的斗争，是一项高危作业，稍有不慎，就可能造成人员伤亡。实践证明，造成灭火伤亡的主要原因是灭火人员缺乏火场紧急避险常识和必要的防护措施以及指挥失误。有关专家认为，灭火作战中绝对意义上的“零伤亡”是不存在的，但通过总结经验教训，加大研究和训练力度，提高灭火人员的防险避险能力，就能最大限度地减少和避免伤亡事故的发生。

一、火场风险的特点

从影响灭火安全的主要因素和国内近几年来发生伤亡情况综合分析，火场风险具有以下几个特点：

1. 高危性

森林燃烧会释放大量能量，许多可燃物能产生高达 200℃以上的地面温度，并能轻而易举地产生 1 000℃以上的空气温度，而人体在高于 120℃的环境中就会丧失功能，再加上热辐射和热对流的影响，对人身安全威胁很大。

2. 突发性

火行为在特殊的地形、气象和可燃物等因素的综合作用下，会瞬息万变，突然爆发，且难以察觉。

3. 复杂性

森林火灾多在连续干旱和大风天气条件下引发，有时会形成地表火、地下火和树冠火立体燃烧，火强度大、蔓延迅速，灭火人员难以接近。林火行为极易突变，火情复杂，灭火队员避险处置困难。

二、火场紧急避险方法

1. 预设安全区避险

预设安全区避险是指为保护重点目标安全，灭火人员进入具有一定安全隐患地段展开灭火行动、强行阻截林火蔓延时，应预先组织人员在指定位置开设安全避险区域，确保在火势突变时，能有效保证灭火人员安全的避险方法。安全区域通常选择在植被稀少、地势相对平坦、距火线较近且处于上风向的有利位置。预设安全区域，一是坚持宁大勿小的原则；二是要清除地表可燃物；三是展开前要将开设避险区域及相关注意事项通知灭火人员；四是派出观察哨，及时通报火场发展态势。

2. 点迎面火避险

点迎面火避险是当火场情况突然发生变化，灭火人员无法按作战方案实施灭火行动，林火对人员构成威胁，且无安全避险区域时，可就近依托道路、河流、农田、植被稀少的林地等有利地形，有组织地点烧迎面火，人员跟进至火烧迹地内避险的方法。采用这种避险方法时应注意以下三点：一是要有一定的时间、距离迅速完成点烧；二是进入火烧迹地避险，要用衣服蒙住头部，用湿毛巾捂住口鼻，并将携带的水洒到避险人员的头部和身上；三是采取顺风蹲姿，避险队形根据火烧迹地形状而定。

3. 点顺风火避险

如果没有天然依托条件，或虽有依托条件，但点烧迎面火的时间和距离不适宜时，应迅速点顺风火，并顺势进入火烧迹地内避险，点顺风火时，一是距大火到来时间较长，且火烧迹地地表温度较低时，可顺风卧倒；二是用衣服蒙住头部，扒开生土层，用湿毛巾捂住口鼻，将携带的水洒到避险人员的头部和身上；三是如时间紧迫，应采用蹲姿，背部朝向迎风一侧；四是避险人员要相对集中在火烧迹地中央偏前位置；五是避险区域面积要视避险人数而定，尽量加宽，侧翼距离避险人员不少于 20 米。

4. 逆风对火突围

人们被火包围后，确实到了危急关头、无其他办法时，应临危不惧，迅速选择火势较弱、火焰较低的地方，先深吸一口气，然后屏住呼吸，迎着火头往外冲。

据观察，火线宽度一般只有 5～20 米，按人体能承受的极限热负荷及奔跑速度完全可以自救，跑出火线。

5. 卧倒避烟

如果点火解围来不及，应选择附近有河流、无植被或植被稀少的迎风平坦地段，用水浸湿衣服蒙住头部，两手放在胸部，卧倒避烟。卧倒避烟时，为防止被烟雾呛昏窒息，要用湿毛巾捂住口鼻，并扒个土坑，紧贴湿土呼吸，可避免烟害。

6. 利用有利地形避险

利用有利地形避险是当林火威胁人身安全，为保证人们生命安全，有效利用附近河流、湖泊、沼泽、耕地、沙石裸露地带、火前方下坡无植被或植被稀少地域等有利地形避险的一种方法。采用上述方法避险时，一是尽可能选择在相对湿润、无植被或植被稀少的位置卧倒；二是不宜选择细小可燃物密集地域；三是携行易燃装备应放在距离人员较远的下风位置。

三、火场紧急避险的要求

在组织实施紧急避险行动中，指挥员和扑火人员要时刻保持头脑清醒，坚持做到不盲目指挥、不违规作业、不冒险行动。

1. 对指挥员的基本要求

（1）及时掌握火场天气情况。

（2）正确分析判断火行为变化。

（3）密切注意可能发生危险的地段。

（4）接近火场时，要明确撤离路线。

（5）对火场可能出现的各种情况有充分应急准备。

（6）适时组织扑火人员休整，保持旺盛的体力。

（7）时刻保持通信联络畅通，及时掌握分队行动。

2. 对扑火人员的基本要求

（1）扑火人员按规定着装，配备必要的安全装备和通信、照明器材等。

（2）接近火场时，要时刻注意观察三大自然因素（可燃物、地形、气象）和火势变化，同时，要选择安全避险区域或撤离路线，以防不测。

（3）密切注意观察火场天气变化，尤其要注意火灾伤亡事故高发时段的天气情况。

（4）时刻注意地形变化，特别注意坡向、坡度、坡位及三面环山、鞍状山谷、狭窄草塘、窄谷和可燃物载量大的阳坡等地带。

（5）一旦陷入危险环境，要保持头脑清醒，积极采取自救措施。

（6）遵守火场纪律，服从指挥，不擅自行动。

【思考与练习】

1. 火场风险有哪些特点？
2. 陷入危险环境时，如何选择避险方法？
3. 在森林灭火过程中，哪些地带属于安全区？
4. 在森林灭火过程中，对扑火人员有哪些要求？

第四节　森林火灾火场紧急救护

扑火工作危险性大，伤病现象时有发生，扑火人员由于紧张战斗，长途跋涉，饮食不定，高温作业，容易产生一氧化碳中毒、热痉挛、热虚脱、中暑、脱水虚脱、外伤出血、骨折、烧伤、毒蛇咬伤等。因此，扑火队要携带常用药、外伤绷带，并派医疗人员巡回救治。

一、常见伤病救护措施

森林灭火常见伤病救护措施见表4—5。

表4—5　　森林灭火常见伤病救护措施

火场伤病	病发原因	主要症状	救治措施
一氧化碳中毒	一氧化碳极易与血红蛋白结合，形成碳氧血红蛋白，使血红蛋白丧失携氧能力，造成窒息	有头痛、头沉、心跳加速、眼花、呼吸困难、胸闷、四肢无力、恶心、呕吐等症状。重者会迅速进入昏迷状态，牙关紧闭，大小便失禁，血压上升等	立即将病人移到空气新鲜的地方，保持安静及保湿，严重的停止呼吸时，要进行人工呼吸，可给予含5%～7%的氧气，中毒严重者应立即送医院治疗
热痉挛	出汗量大、身体失盐较多时，会引起热痉挛	肌肉痉挛等	饮一些淡盐水、果汁或体育用饮料等
热虚脱	在高温潮湿的环境中，由于流汗过多而导致大量体液丧失	虚脱，步态不稳或极度疲劳，皮肤湿黏；头痛、呕吐	治疗方法和热痉挛一样，加上到阴凉处休息
中暑	火场因温度高，导致体温上升	发热、皮肤干燥，体温高达41℃，神志不清，失去知觉或抽搐	全身浸入水中来降低体温，用扇子扇风加速降温，体温降到38℃即可。重症病人要及时送医院治疗

续表

火场伤病	病发原因	主要症状	救治措施
脱水虚脱	消耗大量水分，而不能尽快补充，造成新陈代谢障碍	失重、极度疲劳	增加体液，保证休息，直到体重恢复
外伤出血	意外刮伤、摔倒等	血流不止、感染等	用绷带、布条包扎，出血严重时，有条件的可用止血带止血，并尽快转移到医院治疗
骨折	意外摔倒、高处跌下等	骨折段移位	用夹板固定骨折处，如果没有夹板，可用木棍、树皮等代替；受伤部位不要绑得太紧，立即送医院治疗
烧伤	火场温度过高	皮肤发红、疼痛、明显触痛、出现水肿	伤员口渴，可给少量盐水，多次饮用，不要单给白开水或糖水，不可饮水太多，以防止发生水肿。检查现场及搬运伤员时，一定要保护创伤面，用较干净的衣服、纱布包裹伤面，防止感染。对于呼吸道受伤者，应保持伤员呼吸道通畅，防止泥土、异物或分泌物堵塞呼吸道。烧伤伤员必须迅速送往医院救治
毒蛇咬伤	意外咬伤	伤处疼痛或麻木，红肿、瘀血，出现血泡，伤口周围或患肢有淋巴管炎和淋巴结肿大、触痛等	必须立即在伤口上方（流入心脏方向）作两处绑扎。例如，手被咬伤时，一处在伤口上方3～4厘米用绳子或布条用力绑紧，另一处在上臂下端扎紧，以阻断静脉血回流到心脏，避免毒素进入血液循环，将毒血挤压出体外，如有小刀，用火烧刀具消毒，在蛇咬伤口处割开十字刀口，挤出毒液，或用拔火罐拔出毒液

二、人工呼吸

人工呼吸方法很多，有口对口吹气法、俯卧压背法、仰卧压胸法等，其中口对口吹气法最方便和有效，操作简便，容易掌握，而且气体交换量大，接近或等于正常人呼吸的气体量，对大人、小孩效果很好。操作方法如下：

首先使病人仰卧，头部后仰，先吸出口腔的咽喉部分分泌物，以保持病人呼吸道通畅。

救护人蹲于病人一侧，一手托起病人下颌，另一手捏住病人鼻孔，将病人口腔张开，如果有纱布，并敷盖纱布，叠两层厚的纱布，但不要因此影响空气出入。救护人先深吸一口气，对准病人口腔用力吹入，然后迅速抬头，并同时松开双手，听有无回声，如有则表示气道通畅。如此反复进行，每分钟14～16次，直到自动呼吸恢复。

如果病人口腔有严重外伤或牙关紧闭时，可对其鼻孔吹气（必须堵住口），即口对鼻吹气。救护人吹气力量的大小根据病人具体情况而定。一般以吹进气后，病人胸廓稍微隆起为最合适。

知识窗　火灾逃生自救方法

逃生预演，临危不乱。
熟悉环境，牢记路线。
通道出口，畅通无阻。
扑火小心，惠及他人。
镇静辨向，迅速撤离。
不入险地，不贪财物。
简易防护，蒙鼻匍匐。
缓晃轻抛，寻求援助。
火已及身，切勿惊跑。

【思考与练习】

1. 扑救森林火灾过程中有哪些常见伤病?
2. 被毒蛇咬伤时，如何进行紧急救护?
3. 骨折时有哪些注意事项?
4. 如何进行人工呼吸?

第五章　森林火灾现场分析与损失评估

学习目标：

◆了解森林火灾现场分析，学会判断起火点与起火时间。

◆掌握调查森林火灾发生原因的方法。

◆掌握森林火灾损失评估的方法与计算方法。

森林火灾现场分析与损失评估，是林火管理的重要环节，是森林火灾善后措施的重要部分，也是制定森林防火政策、编制森林防火规划、进行森林防火研究的重要依据和基础。

第一节　森林火灾现场分析

森林火灾现场分析是指对已发生的森林火灾现场事实和与此相关的环境、条件、情况进行的分析研究工作。现场分析的目的是为深入勘查现场指明方向，为确定起火原因得出正确的结论。

一、火灾现场分析的内容

火灾现场分析的内容主要包括火灾性质（根据现场材料，分析确定火灾的性质，究竟是属于放火还是失火）、起火特征（根据现场勘查中掌握的痕迹物证及火场存在的特征，分析确定起火的过程，是阴燃起火、明火点燃起火，还是爆炸起火、爆燃起火）、起火时间、起火部位和起火点、起火原因等。

二、火灾现场分析的基本要求

第一，从实际出发，尊重客观事实。分析火灾现场的物质基础和条件是现场客观存在的事实，因此要在现场分析前全面了解现场情况，详细掌握现场有关材料。辨别在勘验、访问中获得各种材料的真伪。

第二，既要重视现场中的各种现象，又要抓住火灾本质性问题。火灾本质性问题是指能够说明火灾发生、发展和起火原因的有关事实。火灾现场各种现象呈现形式千差万别，错综复杂，某些个别现象和细小的痕迹，可能反映火灾本质问题。因此，要重视每一个现象，把一些细小的、看似孤立的痕迹物证联系起来，进行认真细致的分析，研究与火灾本质有关的问题。

第三，既要掌握火灾燃烧的一般规律，又要从火灾现场的实际出发，具体情况具体分析。抓住火灾现场的特殊性，然后仔细进行勘查分析，才得出正确的定论。

第四，抓住重点，兼顾其他。分析火灾原因时，如果有两种或两种以上的可能性，既要分析可能性大的因素，又要兼顾可能性小的因素，对可能性大的因素进行重点分析，一旦发现重点确定不准，就灵活、迅速地改正。分析火灾现场时，要防止不抓主要矛盾，面面俱到；又要防止只抓重点，忽略一般。

三、分析火灾性质和起火特征

1. 火灾性质

现场勘查时，往往在初步勘查后，先要分析确定火场的火灾性质，进而在一定范围内有方向性地开展调查研究。放火、失火和自然起火，尤其是放火和自然起火都各有自己的特征。在火灾现场勘查的初期阶段，应同时考虑各种火灾的可能性，随着勘查工作的深入，应当逐渐掌握火灾情况，确定下一步勘查重点。放火、自然起火两种火灾发生的特征比较容易识别，因此，分析火灾性质时，应先从放火、自然起火入手。如果能排除这两种火灾的可能性，当然是属于失火。

（1）放火和自然起火的分析与判明

放火火灾现场具有许多有别于失火和自然起火现场的特征。火场起火点的数量、位置，外来引火物，群众的反映等可以作为确定放火依据。

放火的火灾现场往往存在下列一些特征：多起火点；起火点附近存在引火物，放火现场可以发现烧余的火柴梗、棉花、稻草、煤油、汽油等专门用来引火的物体和材料；起火点位置奇特，这个位置上不可能发生不慎失火和自燃；一个地区连续多次发生火灾或者同一时间内多处起火。

自然起火一般包括自燃、雷击起火以及其他由于自然力而引起的火灾。自燃的特点是必须具备自燃性物质，且具备自燃的客观条件和具有自燃的特征。雷击火往往发生在高纬度地区，可以查阅发生森林火灾时的气象资料，是否存在干雷暴现象，而且产生雷击火，往往可以在起火点附近发现雷击木。

（2）失火的分析与判明

人们应当预见自己的行为可能引起火灾，因为疏忽大意没有预见，或者已经预见但过于自信，轻信能够避免，导致发生火灾，如生活生产中没有遵守安全操作规程而发生的火灾，都属于失火。

在火灾现场勘查中，可根据单位各项制度和管理情况等是否符合要求及火灾现场提取的痕迹物证来判明是否属于失火。有些狡猾的罪犯放火时会利用失火、自然起火的某些特征来制造失火假象，以假象掩盖自己的罪行。例如，把烟头、燃着的碎布等火源藏在能被引燃的自燃物的堆垛中放火，以诱使人们做出自然起火的判断。因此，在现场勘查中要仔细，发现、收集具有不同特征的各种痕迹、残留物等，并进行深入的调查，进行科学分析，以得出正确的结论。

2. 起火特征

起火特征是指火源与燃烧物质接触后，到刚起火时，或者自燃性物质从开始发热到出现明火时一段时间内的燃烧特点。不同的可燃物质或者在不同的火源作用下有不同的起火特征。

（1）阴燃起火

阴燃起火是指从火源接触可燃物开始，到起明火为止要经历一段时间的阴燃过程。其经历时间从几十分钟到几个小时，甚至十几个小时。这种起火形式在现场有以下几个比较明显的特征：燃烧烟熏痕迹明显，有一个以起火点为中心的炭化区，由于燃烧物质和环境条件不同，炭化区有大有小，有浅有深，但都明显可见；发生明火前，有白气冒出，有异味，冒浓烟等。

（2）明火引燃

明火引燃是指可燃物在明火作用下迅速发生的一种起火形式，其特征是烟熏比较轻，甚至没有烟熏，现场烧得比较均匀，起火点处炭化区小，往往难以辨认，但有较为明显的蔓延现象，这种起火形式的火灾应从蔓延迹象来寻找起火点。

（3）爆炸起火

爆炸起火是由于各种物质爆炸、爆燃或设备爆炸，放出的热能将周围可燃物或将设备引燃造成火灾的一种起火形式。这种起火形式的特征是来势凶猛、破坏力强，爆炸中心和火场中心比较明显。

四、分析判定起火时间、起火部位和起火点

1. 分析判定起火时间

起火时间是火灾结论之一，一般应首先进行火场分析，但是，有的火灾现场不能首先确定较确切的起火时间，可分析火灾原因之后，再分析或推理出起火时间。起火时间主要根据现场访问获得的材料以及现场发现的能够证明起火时间的各种痕迹物证来判断。

具体的分析判断可以根据以下几个方面进行：根据发现人、报警人及周围群众反映的情况分析确定起火时间；根据天气条件、地形条件综合考虑确定起火时间；根据火灾发展程度

确定起火时间；根据树种的耐火情况及其在火场被烧程度判定起火时间；根据燃烧速度推算起火时间；根据起火物质所受的辐射强度推算起火时间。

2. 分析判定起火部位和起火点

分析判定起火部位和起火点的基本方法有以下几种：根据群众提供的情况分析判断起火部位和起火点，根据燃烧现象确定起火部位和起火点，根据蔓延痕迹判断起火部位和起火点，根据引火物所在位置确定起火部位和起火点，根据火灾现场发现的尸体姿态判明起火部位和起火点。

尚未成灾或者烧毁不太严重的火灾，往往保留比较完整的引火物或发火物。在烧损比较严重的火场上，有时也会发现引火物的残体碎片或灰烬，这些物品现场所在位置或者着火前所在位置，一般就是起火点。

利用引火物判明起火部位和起火点，必须查明以下两点：这些物品是否火场原有？火灾发生后，这些物品是否被人移动？这些物体若并非现场原有，则有可能是放火，若着火后被人移动过，显然不能以现场被移动后的位置作为起火点。

根据燃烧现象确定起火部位和起火点。火灾初起时的烟雾动向，火焰和烟雾的颜色、气味，燃烧发出的响声等都可能成为判明起火部位的重要依据。如果勘查人员没有观察到这些情况，应当向目睹起火的人及先行赶到的扑救人员了解这方面的情况，以作为分析依据。

在野外确定起火点时，可以询问报案人：什么时候发现冒烟起火？火势燃烧最旺、最亮的地方在哪里？其可以视为起火点；询问知情人：火灾发生时是否有雷电？如果雷电只向山的高处冲击，起火点往往在山顶。如果有陨石坠落，则陨石坑极有可能是起火点。

森林火灾案件现场树木上烟熏痕迹的反方向，一般为起火点方向，烟熏痕迹或草木灰一般顺风排列，迎风处一般燃烧较重，结合火灾现场风向的变化情况进行具体分析，准确度更高。

火灾现场可燃物质燃烧后倒塌方向，一般指向起火点方向，特别是风力较弱时，粗大树木的倒向更具有说服力。

现场有易燃液体或油迹的部位，可考虑为起火点。现场有坟墓，坟墓前有新鲜供品，有燃烧不完全的冥钞、冥衣、冥器、香头、蜡烛头等，应重点考虑为起火点；现场有火柴杆、香烟头、香烟盒、食品包装物等标志人类活动的新鲜物品时，其活动点可考虑为起火点。

拖拉机、汽车等可能产生火花的交通工具通过后，火灾发生，则道路旁燃烧最严重的地方，可考虑为起火点。

现场树木燃烧、炭化、爆裂相对严重的一侧，可考虑为起火点。

五、分析判定起火原因

随着勘查的不断深入，至此已确定起火部位和起火点，要在此点上找到真正的火灾原因，一般通过对火源、起火物及起火环境条件 3 个因素进行分析研究。

1. 火源

火源本身并不是一种有形的物体，所以火源只能是构成起火的原因，能够证明火源的物体一般有高温物体、火种（如烟头）、植物堆垛中形成的炭化块、化学危险品烧剩的包装品、带有雷击造成痕迹的物体等。找到这些发热发火物，有时也不应立即因此而判定起火原因，要结合现场其他情况分析发火物在火灾前是否发热或发火，它发热的温度及发火能量能否使它附近的物质着火等。总之，必须分析查明发火发热物与火源的本质联系，才能以这些发火发热物作为起火原因的证据。

分析发火发热物的使用状态，经过火灾现场勘查，查明起火部位和起火点后，要确定起火原因，还需对起火点上存在何种发火发热物、起火前是否呈使用状态进行分析，只有发火发热物才能成为火源。在实地勘查中，如果遇到起火点有几种发火发热物的情况，一定要认真观察，并结合以往发生过的情况，仔细分析，正确判明真正的起火原因。

分析点火能量，在分析判明火灾原因时，虽然掌握了起火点处火源的使用状态，但还要分析其能量能否点燃旁边的可燃物，只有点火能量足够高时，才能成为点火源。应从以下几方面考虑：能否供给足够的点火能量？温度能否达到或超过被点燃物的自燃点？单位时间释放的能量有多少？

分析微弱火源（如烟头），香烟在自然状态下平均燃烧速度为 3 毫米/分钟，普通过滤嘴香烟 70 毫米长，约 23 分钟烧完。风速 1 米/秒，并且风向与燃烧方向一致时，燃烧速度最大。风速超过 3 米/秒时容易熄灭。燃着的香烟表面温度为 200～300℃，中心温度可达 700～800℃，燃着的香烟具有的温度和能量足以成为疏松纤维物质（如碎布、棉线、被褥、刨花、草垫、锯末等）的着火源。分析确定是否由香烟引起的火灾时，要审查以下内容：有无吸烟行为？烟头和火柴扔向何处？附近是否有能被香烟点燃的可燃物？吸烟时间、地点和起火时间、地点是否一致？

2. 起火物

在现场勘查中，除对起火部位的火源进行分析外，还应对起火部位存在的可燃物进行勘查分析，且必须根据起火物存放的位置、数量与火源结合起来进行分析，一种火源能引燃这种可燃物，不一定能引燃另一种可燃物。同样，相同的火源，对同种可燃物，但因储存位置、数量不同，也会呈现出燃烧与不燃烧两种情况。因此，在勘查中，需认真细致地加以分析区别。

3. 起火环境条件

相同的火源和可燃物，林火行为也会因环境条件不同而不同。这里所说的环境条件是指当时场所的温度、湿度、风速、地形等因素。因此，在分析火源和起火物的同时，还要与当时的环境条件结合起来分析。

找到起火部位后，不能主观臆断、盲目下结论，还必须认真对该地所存在的火源、可燃物及环境条件进行综合分析，以得出科学的结论，正确认定火灾原因。

森林火灾发生后及时进行火因调查，这是一项极其重要的、严肃的工作。做好这项工作，一方面可以弄清是什么火源引起的，以便今后采取措施加强这方面的预防工作；另一方面可以研究火因，根据火因，探索林火规律，以提高森林火灾案件的破案率，通过火灾案件的调查与统计，可以及时获取火灾信息，提高森林防火工作的水平，为制定森林消防法规、技术规范和处理火灾责任者等提供依据，为防火宣传工作提供案例，为改进灭火手段、提高灭火效率提供新经验、新手段、新成果等。

【思考与练习】

1. 火灾现场分析主要包括哪些内容?
2. 如何判断起火时间和起火点?
3. 火灾现场分析的基本要求有哪些?

第二节　森林火灾损失评估

森林火灾损失评估是指在森林火灾发生区域，通过全面调查对灾情所造成损失的完整的总结评定。开展该工作必须建立完善的森林火灾损失评估工作程序，以达到预期效果。

目前，我国森林火灾损失评估工作还没有得到足够的重视，还停留在过火面积、着火次数、烧毁林木数量等一些基础数据资料的统计上，没有形成一套科学合理、简便易操作的森林火灾损失评估方法体系。

涉案财物价格评估部门，如何依据办案机关的委托，及时对森林火灾损失进行客观、科学、公正的鉴定，支持司法机关工作，服务于社会是评估工作中的一个难题。因为国家及地方政府都还未出台专门的森林火灾损失评估的相关规定，而1996年国资局、林业部颁发的《森林资源资产评估技术规范》中相关的技术参数在现实状况下很难搜集到，各地也没有现成的经验可供借鉴，所以，办理这类委托时只能是不断探索。

一、一般评估程序

1. 对重特大、影响较大、具有代表性的森林火灾，按国家林业局的指示，与相关人员共同组成森林火灾损失评估组对森林火灾损失进行评估。

2. 进行森林火灾损失评估时，要先全面掌握森林火灾地区评估所需的基础资料，掌握火灾地区的森林破坏情况。

3. 采用标准地调查法，抽取足够数量的样地，实地踏查，计算森林火灾的过火面积、林分受害程度、林木的材积损失及林木资产损失。

4. 核实、整理基础资料，计算出直接经济损失。

5. 通过有关部门提供的资料统计人员伤亡和扑火直接投入费用，并根据有关规定全面计算森林火灾间接经济损失。

6. 填写各种表格，绘制图样，完成火灾损失书面评估报告并报有关部门。

二、评估实际运作

1. 现场勘验与调查。

2. 根据勘验情况和林业专业技术人员提供的林木资产实地核查资料，搜集当地营林生产有关技术经济指标资料。

3. 根据具体的评估对象和资料情况，针对不同的林种制定估价方案和具体的估价技术路线，选择适宜的评估方法。

由于林木火灾评估的特殊性，受托日距评估基准日可能有较长的"时间差"，火灾前与火灾后标的物的实物状况往往有很大差异，评估人员勘验的现场有可能不是第一现场，有时标的物已部分或全部灭失。即使如此，现场勘验与调查工作也是必不可少的，因为只有经过实地踏勘才能确切掌握和感受过火现场所处的地理位置（是山地还是坡地？是向阳坡还是背阴坡？交通是否便捷?）、土质条件、气候条件、立地条件、过火面积、毁损程度等。从而有利于我们对标的物的灾前灾后状况有一定的感性认识，同时在勘验时认真听取双方当事人的陈述及案发前后对委估标的详细情况介绍，详细了解各林种林木被毁损前生长质量状况及态势、林龄、蓄积量、胸径、冠幅、所处生长阶段、经济寿命周期、毁损程度、是否有残值等相关指标和数值，并一一记录在册，并请双方当事人及委托方签字认可（现场核查确认书）。

掌握委估标的详细情况后，还要收集其他资料，包括当地木材生产、销售情况及有关成本费用资料，评估基准日各种规格的木材、林副产品市场价格及其销售过程中税费征收标准，当地林地使用权出让、转让和土地承租价格资料，山林（场）承包合同、林木采伐审批表、采伐许可证、采伐作业设计书、调查记录表等其他与评估有关的资料。

对通过现场勘查和调查获取的资料和信息，加以归纳、总结、整理后，根据不同林种选择适宜的评估方法。对当地有较多相同或类似林木资产交易实例的，采用市场法。经过走访当地林业部门获取了近期同品种、同年龄的国外活立木市场交易实例，综合考虑具体林分的生长状况、树冠造型、立地质量、交通便捷程度等因素后，进行调整和修正，得到活立木交易价值，扣除毁损林木采伐出售净残值（净残值＝有价值部分采伐出售收入－支付的采伐费用－采伐运杂费－应交的育林基金），得到被烧林木评估价值。对于市场上很少有交易的、成本费用资料容易取得的采用重置成本法，即以现时劳动力价格及生产水平，重新营造一块与被评估林木资产相类似的林分所需的成本费用，作为被评估林木资产评估价值的方法，重置成本＝苗木费＋整地费＋设计费＋清场费＋栽植费＋管护费（施肥费＋抚育费＋防虫防火费＋修剪费）＋承包费＋利润。从当地有多年营林经验的老种植户那里，获取当年种植的营林生产成本费用的相关资料，对采用当地正常生产经营条件下的重置成本予以评估。对成本费用资料难以取得的采用收益法评估。关注网上苗木市场并结合当地同品种、同年龄的果树成交价予以评估。结论出具后委托方及双方当事人均无异议。

三、需要注意的问题

一是由于林木和由林木组成的林分不是规格产品，它们的价格随着林木生长状况、立地条件及所处地理位置（采、集、运条件）的不同而不断变化，即使同一地区、同一品种、同一树龄的林木因栽培模式、栽培技术、管理水平、集约经营程度及外界环境的不同又有较大的差异。同为经济林，品种与品种的投入产出比、经济寿命周期、开始产生收益的时间均有较大差异，确定营林利润率时应充分加以考虑。

二是森林资源资产评估涉及面广、调查点多、案情复杂、委估标的个体差异大，在市场可行的条件下，市场法应为首选。因为市场法直接、明了，通过公开透明的市场得出的结论能够令当事人双方信服。而收益法运用起来比较棘手，因为林木生长周期长，受自然因素影响大，在漫长的林木培育过程中，难免会遭受火灾、病虫害的侵袭，市场价格波动的影响，造成营林风险较大，目前对风险的估计是“仁者见仁，智者见智”。众所周知，风险与折现率的取值关系密切，且折现率稍有变动将大幅度影响估价结果。另外，对未来收益期的确定还没有一个标准尺度。

三是林木的成本与价格，既受自然条件的制约，又受林木本身生态特性和市场供求因素的影响，导致林木在不同的时间有不同的价值，同一树种在不同年龄林木价值也不同，形成了林木的季节差价、树种差价、年龄差价。因火灾引起的林木评估是处于非正常市场条件下非正常生长状态的评估，大多数林木尚未达到生长的最高最佳使用状态，不符合经营权人投资经营追求的利润最大化原则。如在春季移栽成活率高，其在春季的价格明显高于其他季节，若火灾发生在市场交易淡季，如果直接采信淡季市场成交价评估则明显有失公正。另外，评估中还应注意的是，不同的材种市场收购时的计价单位不同，同一材种不同规格主材的计价单位也不一致。

四、相关概念的解读

1. 森林资源价值

森林资源价值就是森林资源所能给人类带来物质和精神享受的综合价值，是森林资源的货币表现。它可分为直接价值（经济价值）、间接价值（生态价值、社会价值）等。

2. 森林资源直接经济价值

人类在经营森林过程中，可以直接在市场上交换所获得的一切利益。它可分为林木价值、林产品价值、林副产品价值、动植物资源价值、景观价值等。

3. 森林资源间接经济价值

森林资源产接经济价值可分为生态价值和社会价值。生态价值是指人类经营森林过程中，对人类生存环境系统在有序结构维持和动态平衡保持方面所输出效益之和。包括调节气候、涵养水源、改良土壤、减少灾害、保存物种等。社会价值是指森林为人类社会提供的除经济价值和生态价值以外的其他一切价值。它包括对人类身心健康的促进、对人类社会结构的改进及对人类社会精神文明状态的改进。

4. 森林火灾损失

森林火灾损失是指由人为因素或自然因素引起的森林火灾，在其烧损的立木资源，林内动物、植物、微生物资源，旅游资源，景观资源，林区生产与生活设施，扑火消耗资源，引起人员伤亡及破坏森林环境资源，影响社会安定等造成的经济价值损失的总和。

5. 森林火灾直接经济损失

森林火灾直接经济损失是指森林火灾发生后，造成的林木资源损失、林产品损失、人民财产损失、旅游资源损失、动植物资源损失、停工停产停业损失等直接用货币量来体现的损失。

6. 森林火灾间接经济损失

森林火灾间接经济损失是指森林火灾的“受灾体”对其他“受灾体”的影响或“受灾体”不可能马上表现出经济损失，而是通过影响本身的内部机制，进而造成后续的社会经济损失。

7. 森林火灾扑救消耗损失

森林火灾扑救消耗损失是指为了扑救森林火灾所消耗的人力、物力以及在扑火中所发生的人员伤亡和善后处理费等。包括扑火物资费、车船飞机费、人员补助费、医药费、抚恤金等。

8. 重度烧伤木

重度烧伤木是指林木被烧损的价值相当于火灾前该林木价值的70%以上，已失去生命力和潜在价值。

9. 中度烧伤木

中度烧伤木是指林木被烧损的价值相当于火灾前该林木价值的40%～70%，严重毁坏其生命力和部分潜在价值。

10. 轻度烧伤木

轻度烧伤木是指林木被烧损的价值相当于火灾前该林木价值的40%以下，其中部分林木还能成活。

11. 森林火灾损失分类图

在火灾发生现场，可利用地形图或林相图，根据现场实际勾绘或利用仪器测绘火灾损失分类图。

12. 森林火灾损失评估体系

森林火灾损失评估体系包括森林火灾直接经济损失评估指标、森林火灾间接经济损失评估指标、森林火灾扑救消耗损失评估指标。

13. 森林火灾损失评估研究

森林火灾损失评估研究就是在森林价值评估的基础上，充分考虑火灾烧毁林木及其他森林资源，以及因森林火灾所带来的生态损失、社会损失、扑火消耗、人员伤亡等因素，对森林火灾所造成的经济损失进行综合评价。

五、评估的基本方法

1. 市场价格法

市场价格法是以与要评估的林木资产类似的林木买卖价为标准，评估林木价值的方法。从评估过程可分为市场价格倒算法和现行市场价格法。

2. 林木价值评估计算方法

单位面积林木价值包括立木资源价值和林产品价值。其计算公式为：

$$D_1 = D_{11} + D_{12}$$

式中　D_1——单位面积林木价值；

D_{11}——单位面积立木资源价值；

D_{12}——单位面积林产品价值。

3. 森林间接价值评估计算方法

森林间接价值的计算公式如下：

$$C = 5.83 \times D$$

式中　C——单位面积森林间接价值；

D——单位面积森林直接价值。

4. 人民财产损失计算公式

$$A_2 = A_{21} + A_{22} + A_{23}$$

式中　A_2——森林火灾人民财产损失；

A_{21}——流动资产损失（含保险业损失）；

A_{22}——固定资产损失；

A_{23}——林区农牧业产品损失。

（1）流动资产损失

$$A_{21} = N_{21} - N_{22}$$

式中　A_{21}——流动资产损失；

N_{21}——购置时的价格；

N_{22}——残值。

（2）固定资产损失

$$A_{22} = N_1 \times P$$

式中　A_{22}——固定资产损失；

N_1——重置的价格；

P——折旧率。

（3）林区农牧业产品损失

$$A_{23}=\sum_{i=1}^{n}S_i\times P_i$$

式中 A_{23}——林区农牧业产品损失；

S_i——各种农牧产品的损失数量；

P_i——各种农牧产品的价格。

5. 森林火灾间接经济损失计算公式

$$E_2=C\times B\times S$$

式中 E_2——森林火灾间接经济损失；

C——单位面积森林间接经济价值；

B——价值损失系数综合值；

S——森林受灾面积。

六、森林火灾损失等级的划分

以森林火灾所造成的经济损失额作为森林火灾等级划分标准。根据森林火灾的特点，将死亡人数、直接经济损失、间接经济损失和扑火消耗损失等四个因子折算成灾害指数进行计算，然后按数值分级。其计算公式为：

$$G=\log a+\log b+\log c+d$$

式中 G——灾害指数；

a——直接经济损失额；

b——间接经济损失额；

c——扑火消耗损失额；

d——死亡人数。

其中灾害损失额以万元为单位，死亡人数按以下数值计算：死亡 2 人以下计为 6；死亡 3~5 人计为 8；死亡 5 人以上计为 10。

【思考与练习】

1. 森林火灾损失的一般评估程序包括哪些方面？
2. 森林火灾损失包括哪些？
3. 森林资源直接经济价值包括哪些？

第六章　森林防火案例分析与法规

学习目标：

◆了解以往森林火灾案例的原因及灭火过程，从中吸取经验教训。

◆了解我国森林火灾的政策法规。

分析森林火灾案例，认真总结扑火经验教训，以火为警，以灾为鉴，使我国森林防火工作逐步实现科学化、规范化、标准化、制度化，为我国今后火灾统计和火灾档案管理工作的统一和规范，也为实现森林防火数字化管理起到典型示范作用。

第一节　森林火灾案例分析

一、福建省“2·28”森林火灾案

1. 案例摘要

2004年2月28日11时30分左右，福建省德化县上涌镇下涌村葫芦坂山场，因针式绝缘子脱离高压电杆横杆，产生碰击引发森林火灾，由于山高林密，杂草丛生，再加上冬季霜冻，草木枯死，又适逢久旱无雨，火借风势，迅速向四处蔓延，造成4人死亡。

镇政府接到报告后，立即组织镇干部及镇应急分队实施扑救，同时向县森林防火指挥部报告。县领导迅速赶赴火场，组织1 000多人参与扑救。

2. 案例分析

这是一起由供电线路引起的典型的森林火灾，林业部门在查摆森林火灾隐患时往往忽略了供电部门，在今后工作中要加强与供电部门的联系，及时消除因供电线路引起森林火灾的隐患，确保森林资源安全。

扑救人员死亡原因分析：选择在小山腿开设防火隔离带位置不理想，当时山凹小气候形成一股螺旋风，风速达45千米/小时，气象条件比较恶劣，开设防火隔离带的位置到火线的距离比较近，留给开设防火隔离带的时间相对较少，在细小可燃物载量大、地形复杂、风向

风力多变的情况下，火势变化快，极易发生人员伤亡事故。

3. 案例启示

（1）平时要加强对扑火人员安全知识、避险自救方法的培训，遇险后能沉着冷静，随机应变，采取相应的措施自救。

（2）在火头前方开设防火隔离带危险性大，应组织专业扑火队员开设，禁止组织老、弱、妇、幼以及体能比较差的人员参加。

（3）扑火人员到火头前方指定位置开设防火隔离带时，先要开设避火安全区，明确撤离路线，而且作业时要指派专人监测四周火情变化，一旦发现险情，应立即指挥扑火人员撤至安全区。

（4）在山区扑灭森林火灾时，主要采用沿着火线扑打的方法，直接将火扑灭。在火头蔓延的前方开设隔离带，要将比较高的树木砍掉，逆燃烧方向而倒，这样可以压倒茅草，大火烧到时火势相对减弱，有利于扑打，有利于保证扑火人员的安全。

二、大兴安岭“五六”特大森林火灾

1. 案例摘要

大兴安岭“五六”特大森林火灾于1987年5月6日发生，6月2日扑灭。参加扑火的解放军3.8万人，森林警察、消防警察和专业扑火队2 100多人，当地群众、林业职工近2万人。使用汽车1 600多辆、飞机96架、风力灭火机3 600多台、干粉灭火弹16万枚、干粉灭火剂102吨、人工降雨飞机4架、干冰1 000千克、碘化银炮弹4 000发，降雨面积2万平方千米。

这次大火是新中国成立以来烧林面积最大、伤亡最惨、损失最重的一次。过火面积101万公顷，其中有林面积70万公顷。烧毁储木场存材85万立方米。受灾群众10 807户，56 092人。烧死193人，伤226人。

上述几项损失达5亿多元，且不包含扑火所用人力、物力、财力的耗费以及停工停产的损失和森林资源的损失。至于火灾给生态环境带来的影响，更是无法用金钱计算的。

2. 案例分析

造成这次特大森林火灾的直接原因，除塔河林业局盘古林场的火尚未查清外，其余4起都是违反用火规定或违反操作规程所致。其中有2起是林场作业人员吸烟扔烟头引起的，2起是割灌机跑火引起的。5名肇事者除1人是林场合同工外，其余4人是镇政府和林场雇用的“自流人员”，都已被抓获。

3. 案例启示

这场森林大火损失巨大，教训深刻，充分暴露了森林防火工作中的问题。

（1）领导对森林防火工作缺乏应有的重视

长期以来，在指导思想上没有把保护森林、防止森林火灾的问题放在重要位置，没有作为一件大事认真研究，解决存在的问题，在林业内部以营林为基础的方针没有很好落实，重采轻造、重造轻护的倾向长期没有得到纠正，护林防火问题摆不到领导工作的议事日程，致使护林防火工作中，多年存在的问题得不到解决。

(2) 官僚主义严重，思想麻痹，防火观念淡薄

由于天气条件有利，大兴安岭林区火灾有所减少。对大兴安岭林区出现的严重干旱失去警惕。在这种情况下，如果领导重视这一火险状况，严格控制火源，那么，一是火灾不可能发生，二是火灾发生后，在5月7日下午之前如果彻底扑灭，也不会造成这样严重的后果。

(3) 没有贯彻护林防火“预防为主，积极消灭”的方针

在火源管理上，每年烧防火线，以减少林区可燃物载量和防止火灾大面积蔓延，逐年减少。另外，防火检查、防火期搜山、清山等工作放松，林区防火期的宣传也都被不同程度地削弱。

(4) 林区防火基础设施差，专业队伍少，装备不足

大兴安岭林区开发建设以来，组建了一千人的武装森林警察和一千人的护林员队伍，同时在加格达奇和塔河修建两处航空护林机场，设立30处防火瞭望台，开辟几百千米的防火隔离带。但是，从800多万公顷的林区来看，这些设施远远不能满足防火、扑火的需要。在林区开发建设上，忽视森林防火基础设施。

三、黑龙江“4·27”伊南河草甸森林火灾扑救案例分析

1. 案例摘要

2009年4月27日，黑龙江省沾河林业局伊南河林场发生草甸森林火灾。由于天干物燥、风多雨少，扑救“4·27”草甸森林火灾，遇到的困难之多，在黑龙江省森林防火史上是少见的。

2. 案例分析

这次火灾在黑龙江省森林防火史上是少见的。一是天气条件恶劣。火灾发生后连续数日，火场风力一直很大，均在4～5级。特别是4月29日，火场风力达到7～8级，阵风达9级，气温高达25℃，致使大火迅速蔓延，扑火队伍无法靠前扑救。二是火场地理环境复杂。火灾发生在偏远地区，火场周边多为草甸、沼泽地，林内站杆、倒木多，可燃物载量大，残火清理工作异常困难。三是缺少道路。火灾发生在远离道路、远离屯兵点的林区腹地，交通极不便利，队伍行进极其困难。

3. 案例启示

(1) 要判断准确，确保信息灵通

对火情要发现得早，在最短的时间内发现哪里有火，面积多大，并能迅速告知指挥部门和战斗单位。要建立一套飞机、地面、卫星监测中心同指挥部24小时即时联系的方式，建立专门的火情侦察人员队伍，并配备最先进的观察通信工具，建立最快速的联系方式。根据

地形、地貌、植被、天气，特别是风向的情况，尽快对火情的发展走势做出准确判断。

(2) 要行动快捷，保证反应迅速

火情就是命令，森林火灾发生后，最有效的办法是打小打早，不使其蔓延。火势一旦形成，必须快速调兵，派重兵，把已经起来的火势压下去。做到反应迅速和行动敏捷，一方面是各级指挥人员一定要快速反应，立即作出决定，在最短时间内进行兵力部署，下达指令。不能心存侥幸、被动等待，而要主动决策。另一方面是作战部队行动要快捷，主要是作战部队的集结、运送、布防和投入战斗，必须快。要把兵力合理摆布到位，有随时可以调动去应对新局面或守护新防线的机动部队，要有便利的交通工具，一定区域内的交通运输必须服从森林救火的需要，为救火让路。

(3) 要落实责任，协调配合作战

能不能把火截住、堵住、围住，控制在一定范围内集中打灭，确定战区，明确责任十分重要。这个战区的责任不能按照行政区划和隶属关系来确定，要根据现场救援情况来确定责任，划给谁，就是谁的任务，必须全权负责。森林扑火必须协同作战，团结一致，齐心协力。扑火战场要互通情况，互相支持，互相增援，围绕扑火的需要，党政军民、社会各方都要提供一切条件。

(4) 要装备精良，后勤保障有力

人和火进行战斗，仅凭一腔热血和浑身胆量是不够的，灭火必须有工具，装备必须跟上，要把灭火的装备武装到更大范围。要下决心学习借鉴世界各地森林灭火的先进经验，加强装备建设，准备履带式推土机、挖掘机等能在一定时间迅速堵火、截火的重型装备，林区也要配备消防车，不断提高灭火能力。除森防系统自身要建立可靠的保障系统外，还要由专人组织、动员社会力量，以提供后勤保障，不能因为保障不力而影响战斗力。

(5) 要打堵结合，抓住有利战机

森林防火、扑火，可以归纳为四个字：防、打、堵、清。防，就是防止火灾的发生，最主要的是防人。一定要吸取教训，采取更严格、更周密的措施，对林区住户严加管理，坚决杜绝带火入林，防火期禁止到林区旅游。打，就是火灾发生后，要尽可能及时扑打，不要使其蔓延开来。要打小、打早、打了，能围得住，控制在一定范围内集中来打。特别是要找准战机，用好外力，集中突击，掌握主动。堵，就是依托一定的条件，创造条件把火堵住，使它不能前进。必须统筹规划，充分利用林区的道路、水系、个别林用路等，把整个林区分割为若干个独立的、互不连接的区域，任何一个区域发生了火灾，就可以在这个区域内集中扑救，而不至于向更大范围蔓延。清，就是清理火场，消灭余火、暗火，防止死灰复燃。在扑打的同时，要及时组织清理火场的队伍，打后即清，打清并重。

(6) 要统揽全局，科学指挥作战

森林扑火是非常紧急而又危险的战斗，科学、严密、有力的指挥非常重要。要有统一的指挥，令出必行，而且由一个地方发令，用一种声音说话。打火指挥，要了解各方情况，掌握火情规律，勇于负责，敢于决断，不能怕承担责任。发挥专家的作用，充分听取和尊重专家意见。认真听取前线指挥员的意见，并给予前线指挥员充分的自主权，严防管得过细、过于具体而贻误战机。要统揽全局。指挥员，特别是总指挥部，一定要眼观六路，耳听八方，纵观整个火场，从全局上来把握，做到心中有数，把兵力统筹好、调度好。要有科学指挥的设施和手段。做到林区所有地方通信信号全覆盖，加强卫星定位系统、地图、林区沙盘等技术设备配备。地方、部门领导同志都应该深入下去，熟悉自己辖区内的山川河流、村屯道路、林木草场等情况。一旦发生火灾，应沉着应对，防止束手无策。

【思考与练习】

1. 结合案例谈谈森林火灾伤亡原因。
2. 结合案例谈谈怎样做好森林火灾预防工作。

第二节　森林防火相关法律法规

一、国家立法的意义

绝大多数森林火灾是人为引发的。所以国家立法对引发森林火灾的违法行为予以惩处，以此维护社会主义法治，贯彻依法治国方略，依法预防和减少森林火灾的发生，每个公民都要树立良好的森林防火意识，减少和杜绝森林火灾的发生。

二、立法规定

国家林业局、公安部关于森林火灾违法案件管辖及立案标准根据《中华人民共和国刑法》《中华人民共和国刑事诉讼法》《公安机关办理刑事案件程序规定》及其他有关规定制定，森林火灾违法案件管辖及立案标准有关规定如下：

1. 放火案：凡故意放火造成森林或者其他林木火灾的都应当立案；过火有林地面积 2 公顷以上的，为重大案件；过火有林地面积 10 公顷以上，或者致人重伤、死亡的，为特别重大案件。

2. 失火案：失火造成森林火灾，过火有林地面积 2 公顷以上，或者致人重伤、死亡的都应当立案；过火有林地面积为 10 公顷以上，或者致人死亡、重伤 5 人以上的，为重大案件；过火有林地面积为 50 公顷以上，或者致人死亡 2 人以上的，为特别重大案件。

3. 森林、林木、林地的经营单位或者个人未履行森林防火责任的，由县级以上地方人民政府林业主管部门责令改正，对个人处 500 元以上 5 000 元以下罚款，对单位处 1 万元以上 5 万元以下罚款。

4. 森林防火区内的有关单位或者个人拒绝接受森林防火检查或者接到森林火灾隐患整改通知书逾期不消除火灾隐患的，由县级以上地方人民政府林业主管部门责令改正，给予警告，对个人并处 200 元以上 2 000 元以下罚款，对单位并处 5 000 元以上 1 万元以下罚款。

5. 森林防火期内未经批准擅自在森林防火区内野外用火的，由县级以上地方人民政府林业主管部门责令停止违法行为，给予警告，对个人并处 200 元以上 3 000 元以下罚款，对单位并处 1 万元以上 5 万元以下罚款。

6. 森林防火期内未经批准在森林防火区内进行实弹演习、爆破等活动的，由县级以上地方人民政府林业主管部门责令停止违法行为，给予警告，并处 5 万元以上 10 万元以下罚款。

7. 有下列行为之一的，由县级以上地方人民政府林业主管部门责令改正，给予警告，对个人并处 200 元以上 2 000 元以下罚款，对单位并处 2 000 元以上 5 000 元以下罚款：

（1）森林防火期内，森林、林木、林地的经营单位未设置森林防火警示宣传标志的；

（2）森林防火期内，进入森林防火区的机动车辆未安装森林防火装置的；

（3）森林高火险期内，未经批准擅自进入森林高火险区活动的。

8. 造成森林火灾，构成犯罪的，依法追究刑事责任；尚不构成犯罪的，除追究法律责任外，县级以上地方人民政府林业主管部门可以责令责任人补种树木。

【思考与练习】

1. 进入林区应当遵守哪些规定？

2. 结合你的生活，谈谈为什么要制定森林防火相关法律法规。

附录　森林防火条例

1988年1月16日国务院发布，中华人民共和国国务院令第541号，2008年11月19日国务院第36次常务会议修订通过，自2009年1月1日起施行。

第一章　总　　则

第一条　为了有效预防和扑救森林火灾，保障人民生命财产安全，保护森林资源，维护生态安全，根据《中华人民共和国森林法》，制定本条例。

第二条　本条例适用于中华人民共和国境内森林火灾的预防和扑救。但是，城市市区的除外。

第三条　森林防火工作实行预防为主、积极消灭的方针。

第四条　国家森林防火指挥机构负责组织、协调和指导全国的森林防火工作。

国务院林业主管部门负责全国森林防火的监督和管理工作，承担国家森林防火指挥机构的日常工作。

国务院其他有关部门按照职责分工，负责有关的森林防火工作。

第五条　森林防火工作实行地方各级人民政府行政首长负责制。

县级以上地方人民政府根据实际需要设立的森林防火指挥机构，负责组织、协调和指导本行政区域的森林防火工作。

县级以上地方人民政府林业主管部门负责本行政区域森林防火的监督和管理工作，承担本级人民政府森林防火指挥机构的日常工作。

县级以上地方人民政府其他有关部门按照职责分工，负责有关的森林防火工作。

第六条　森林、林木、林地的经营单位和个人，在其经营范围内承担森林防火责任。

第七条　森林防火工作涉及两个以上行政区域的，有关地方人民政府应当建立森林防火联防机制，确定联防区域，建立联防制度，实行信息共享，并加强监督检查。

第八条　县级以上人民政府应当将森林防火基础设施建设纳入国民经济和社会发展规划，将森林防火经费纳入本级财政预算。

第九条　国家支持森林防火科学研究，推广和应用先进的科学技术，提高森林防火科技水平。

第十条　各级人民政府、有关部门应当组织经常性的森林防火宣传活动，普及森林防火知识，做好森林火灾预防工作。

第十一条　国家鼓励通过保险形式转移森林火灾风险，提高林业防灾减灾能力和灾后自我救助能力。

第十二条　对在森林防火工作中作出突出成绩的单位和个人，按照国家有关规定，给予表彰和奖励。

对在扑救重大、特别重大森林火灾中表现突出的单位和个人，可以由森林防火指挥机构当场给予表彰和奖励。

第二章　森林火灾的预防

第十三条　省、自治区、直辖市人民政府林业主管部门应当按照国务院林业主管部门制定的森林火险区划等级标准，以县为单位确定本行政区域的森林火险区划等级，向社会公布，并报国务院林业主管部门备案。

第十四条　国务院林业主管部门应当根据全国森林火险区划等级和实际工作需要，编制全国森林防火规划，报国务院或者国务院授权的部门批准后组织实施。

县级以上地方人民政府林业主管部门根据全国森林防火规划，结合本地实际，编制本行政区域的森林防火规划，报本级人民政府批准后组织实施。

第十五条　国务院有关部门和县级以上地方人民政府应当按照森林防火规划，加强森林防火基础设施建设，储备必要的森林防火物资，根据实际需要整合、完善森林防火指挥信息系统。

国务院和省、自治区、直辖市人民政府根据森林防火实际需要，充分利用卫星遥感技术和现有军用、民用航空基础设施，建立相关单位参与的航空护林协作机制，完善航空护林基础设施，并保障航空护林所需经费。

第十六条　国务院林业主管部门应当按照有关规定编制国家重大、特别重大森林火灾应急预案，报国务院批准。

县级以上地方人民政府林业主管部门应当按照有关规定编制森林火灾应急预案，报本级人民政府批准，并报上一级人民政府林业主管部门备案。

县级人民政府应当组织乡（镇）人民政府根据森林火灾应急预案制定森林火灾应急处置办法；村民委员会应当按照森林火灾应急预案和森林火灾应急处置办法的规定，协助做好森林火灾应急处置工作。

县级以上人民政府及其有关部门应当组织开展必要的森林火灾应急预案的演练。

第十七条　森林火灾应急预案应当包括下列内容：

（一）森林火灾应急组织指挥机构及其职责；

（二）森林火灾的预警、监测、信息报告和处理；

（三）森林火灾的应急响应机制和措施；

（四）资金、物资和技术等保障措施；

（五）灾后处置。

第十八条 在林区依法开办工矿企业、设立旅游区或者新建开发区的，其森林防火设施应当与该建设项目同步规划、同步设计、同步施工、同步验收；在林区成片造林的，应当同时配套建设森林防火设施。

第十九条 铁路的经营单位应当负责本单位所属林地的防火工作，并配合县级以上地方人民政府做好铁路沿线森林火灾危险地段的防火工作。

电力、电信线路和石油天然气管道的森林防火责任单位，应当在森林火灾危险地段开设防火隔离带，并组织人员进行巡护。

第二十条 森林、林木、林地的经营单位和个人应当按照林业主管部门的规定，建立森林防火责任制，划定森林防火责任区，确定森林防火责任人，并配备森林防火设施和设备。

第二十一条 地方各级人民政府和国有林业企业、事业单位应当根据实际需要，成立森林火灾专业扑救队伍；县级以上地方人民政府应当指导森林经营单位和林区的居民委员会、村民委员会、企业、事业单位建立森林火灾群众扑救队伍。专业的和群众的火灾扑救队伍应当定期进行培训和演练。

第二十二条 森林、林木、林地的经营单位配备的兼职或者专职护林员负责巡护森林，管理野外用火，及时报告火情，协助有关机关调查森林火灾案件。

第二十三条 县级以上地方人民政府应当根据本行政区域内森林资源分布状况和森林火灾发生规律，划定森林防火区，规定森林防火期，并向社会公布。

森林防火期内，各级人民政府森林防火指挥机构和森林、林木、林地的经营单位和个人，应当根据森林火险预报，采取相应的预防和应急准备措施。

第二十四条 县级以上人民政府森林防火指挥机构，应当组织有关部门对森林防火区内有关单位的森林防火组织建设、森林防火责任制落实、森林防火设施建设等情况进行检查；对检查中发现的森林火灾隐患，县级以上地方人民政府林业主管部门应当及时向有关单位下达森林火灾隐患整改通知书，责令限期整改，消除隐患。

被检查单位应当积极配合，不得阻挠、妨碍检查活动。

第二十五条 森林防火期内，禁止在森林防火区野外用火。因防治病虫鼠害、冻害等特殊情况确需野外用火的，应当经县级人民政府批准，并按照要求采取防火措施，严防失火；需要进入森林防火区进行实弹演习、爆破等活动的，应当经省、自治区、直辖市人民政府林业主管部门批准，并采取必要的防火措施；中国人民解放军和中国人民武装警察部队因处置突发事件和执行其他紧急任务需要进入森林防火区的，应当经其上级主管部门批准，并采取必要的防火措施。

第二十六条 森林防火期内，森林、林木、林地的经营单位应当设置森林防火警示宣传标志，并对进入其经营范围的人员进行森林防火安全宣传。

森林防火期内，进入森林防火区的各种机动车辆应当按照规定安装防火装置，配备灭火器材。

第二十七条 森林防火期内，经省、自治区、直辖市人民政府批准，林业主管部门、国务院确定的重点国有林区的管理机构可以设立临时性的森林防火检查站，对进入森林防火区的车辆和人员进行森林防火检查。

第二十八条　森林防火期内，预报有高温、干旱、大风等高火险天气的，县级以上地方人民政府应当划定森林高火险区，规定森林高火险期。必要时，县级以上地方人民政府可以根据需要发布命令，严禁一切野外用火；对可能引起森林火灾的居民生活用火应当严格管理。

第二十九条　森林高火险期内，进入森林高火险区的，应当经县级以上地方人民政府批准，严格按照批准的时间、地点、范围活动，并接受县级以上地方人民政府林业主管部门的监督管理。

第三十条　县级以上人民政府林业主管部门和气象主管机构应当根据森林防火需要，建设森林火险监测和预报台站，建立联合会商机制，及时制作发布森林火险预警预报信息。

气象主管机构应当无偿提供森林火险天气预报服务。广播、电视、报纸、互联网等媒体应当及时播发或者刊登森林火险天气预报。

第三章　森林火灾的扑救

第三十一条　县级以上地方人民政府应当公布森林火警电话，建立森林防火值班制度。

任何单位和个人发现森林火灾，应当立即报告。接到报告的当地人民政府或者森林防火指挥机构应当立即派人赶赴现场，调查核实，采取相应的扑救措施，并按照有关规定逐级报上级人民政府和森林防火指挥机构。

第三十二条　发生下列森林火灾，省、自治区、直辖市人民政府森林防火指挥机构应当立即报告国家森林防火指挥机构，由国家森林防火指挥机构按照规定报告国务院，并及时通报国务院有关部门：

（一）国界附近的森林火灾；

（二）重大、特别重大森林火灾；

（三）造成 3 人以上死亡或者 10 人以上重伤的森林火灾；

（四）威胁居民区或者重要设施的森林火灾；

（五）24 小时尚未扑灭明火的森林火灾；

（六）未开发原始林区的森林火灾；

（七）省、自治区、直辖市交界地区危险性大的森林火灾；

（八）需要国家支援扑救的森林火灾。

本条第一款所称“以上”包括本数。

第三十三条　发生森林火灾，县级以上地方人民政府森林防火指挥机构应当按照规定立即启动森林火灾应急预案；发生重大、特别重大森林火灾，国家森林防火指挥机构应当立即启动重大、特别重大森林火灾应急预案。

森林火灾应急预案启动后，有关森林防火指挥机构应当在核实火灾准确位置、范围以及风力、风向、火势的基础上，根据火灾现场天气、地理条件，合理确定扑救方案，划分扑救地段，确定扑救责任人，并指定负责人及时到达森林火灾现场具体指挥森林火灾的扑救。

第三十四条 森林防火指挥机构应当按照森林火灾应急预案，统一组织和指挥森林火灾的扑救。

扑救森林火灾，应当坚持以人为本、科学扑救，及时疏散、撤离受火灾威胁的群众，并做好火灾扑救人员的安全防护，尽最大可能避免人员伤亡。

第三十五条 扑救森林火灾应当以专业火灾扑救队伍为主要力量；组织群众扑救队伍扑救森林火灾的，不得动员残疾人、孕妇和未成年人以及其他不适宜参加森林火灾扑救的人员参加。

第三十六条 武装警察森林部队负责执行国家赋予的森林防火任务。武装警察森林部队执行森林火灾扑救任务，应当接受火灾发生地县级以上地方人民政府森林防火指挥机构的统一指挥；执行跨省、自治区、直辖市森林火灾扑救任务的，应当接受国家森林防火指挥机构的统一指挥。

中国人民解放军执行森林火灾扑救任务的，依照《军队参加抢险救灾条例》的有关规定执行。

第三十七条 发生森林火灾，有关部门应当按照森林火灾应急预案和森林防火指挥机构的统一指挥，做好扑救森林火灾的有关工作。

气象主管机构应当及时提供火灾地区天气预报和相关信息，并根据天气条件适时开展人工增雨作业。

交通运输主管部门应当优先组织运送森林火灾扑救人员和扑救物资。

通信主管部门应当组织提供应急通信保障。

民政部门应当及时设置避难场所和救灾物资供应点，紧急转移并妥善安置灾民，开展受灾群众救助工作。

公安机关应当维护治安秩序，加强治安管理。

商务、卫生等主管部门应当做好物资供应、医疗救护和卫生防疫等工作。

第三十八条 因扑救森林火灾的需要，县级以上人民政府森林防火指挥机构可以决定采取开设防火隔离带、清除障碍物、应急取水、局部交通管制等应急措施。

因扑救森林火灾需要征用物资、设备、交通运输工具的，由县级以上人民政府决定。扑火工作结束后，应当及时返还被征用的物资、设备和交通工具，并依照有关法律规定给予补偿。

第三十九条 森林火灾扑灭后，火灾扑救队伍应当对火灾现场进行全面检查，清理余火，并留有足够人员看守火场，经当地人民政府森林防火指挥机构检查验收合格，方可撤出看守人员。

第四章 灾后处置

第四十条 按照受害森林面积和伤亡人数，森林火灾分为一般森林火灾、较大森林火灾、重大森林火灾和特别重大森林火灾：

（一）一般森林火灾：受害森林面积在1公顷以下或者其他林地起火的，或者死亡1人以上3人以下的，或者重伤1人以上10人以下的；

（二）较大森林火灾：受害森林面积在1公顷以上100公顷以下的，或者死亡3人以上10人以下的，或者重伤10人以上50人以下的；

（三）重大森林火灾：受害森林面积在100公顷以上1 000公顷以下的，或者死亡10人以上30人以下的，或者重伤50人以上100人以下的；

（四）特别重大森林火灾：受害森林面积在1 000公顷以上的，或者死亡30人以上的，或者重伤100人以上的。

本条第一款所称“以上”包括本数，“以下”不包括本数。

第四十一条 县级以上人民政府林业主管部门应当会同有关部门及时对森林火灾发生原因、肇事者、受害森林面积和蓄积、人员伤亡、其他经济损失等情况进行调查和评估，向当地人民政府提出调查报告；当地人民政府应当根据调查报告，确定森林火灾责任单位和责任人，并依法处理。

森林火灾损失评估标准，由国务院林业主管部门会同有关部门制定。

第四十二条 县级以上地方人民政府林业主管部门应当按照有关要求对森林火灾情况进行统计，报上级人民政府林业主管部门和本级人民政府统计机构，并及时通报本级人民政府有关部门。

森林火灾统计报告表由国务院林业主管部门制定，报国家统计局备案。

第四十三条 森林火灾信息由县级以上人民政府森林防火指挥机构或者林业主管部门向社会发布。重大、特别重大森林火灾信息由国务院林业主管部门发布。

第四十四条 对因扑救森林火灾负伤、致残或者死亡的人员，按照国家有关规定给予医疗、抚恤。

第四十五条 参加森林火灾扑救的人员的误工补贴和生活补助以及扑救森林火灾所发生的其他费用，按照省、自治区、直辖市人民政府规定的标准，由火灾肇事单位或者个人支付；起火原因不清的，由起火单位支付；火灾肇事单位、个人或者起火单位确实无力支付的部分，由当地人民政府支付。误工补贴和生活补助以及扑救森林火灾所发生的其他费用，可以由当地人民政府先行支付。

第四十六条 森林火灾发生后，森林、林木、林地的经营单位和个人应当及时采取更新造林措施，恢复火烧迹地森林植被。

第五章　法律责任

第四十七条　违反本条例规定，县级以上地方人民政府及其森林防火指挥机构、县级以上人民政府林业主管部门或者其他有关部门及其工作人员，有下列行为之一的，由其上级行政机关或者监察机关责令改正；情节严重的，对直接负责的主管人员和其他直接责任人员依法给予处分；构成犯罪的，依法追究刑事责任：

（一）未按照有关规定编制森林火灾应急预案的；

（二）发现森林火灾隐患未及时下达森林火灾隐患整改通知书的；

（三）对不符合森林防火要求的野外用火或者实弹演习、爆破等活动予以批准的；

（四）瞒报、谎报或者故意拖延报告森林火灾的；

（五）未及时采取森林火灾扑救措施的；

（六）不依法履行职责的其他行为。

第四十八条　违反本条例规定，森林、林木、林地的经营单位或者个人未履行森林防火责任的，由县级以上地方人民政府林业主管部门责令改正，对个人处500元以上5 000元以下罚款，对单位处1万元以上5万元以下罚款。

第四十九条　违反本条例规定，森林防火区内的有关单位或者个人拒绝接受森林防火检查或者接到森林火灾隐患整改通知书逾期不消除火灾隐患的，由县级以上地方人民政府林业主管部门责令改正，给予警告，对个人并处200元以上2 000元以下罚款，对单位并处5 000元以上1万元以下罚款。

第五十条　违反本条例规定，森林防火期内未经批准擅自在森林防火区内野外用火的，由县级以上地方人民政府林业主管部门责令停止违法行为，给予警告，对个人并处200元以上3 000元以下罚款，对单位并处1万元以上5万元以下罚款。

第五十一条　违反本条例规定，森林防火期内未经批准在森林防火区内进行实弹演习、爆破等活动的，由县级以上地方人民政府林业主管部门责令停止违法行为，给予警告，并处5万元以上10万元以下罚款。

第五十二条　违反本条例规定，有下列行为之一的，由县级以上地方人民政府林业主管部门责令改正，给予警告，对个人并处200元以上2 000元以下罚款，对单位并处2 000元以上5 000元以下罚款：

（一）森林防火期内，森林、林木、林地的经营单位未设置森林防火警示宣传标志的；

（二）森林防火期内，进入森林防火区的机动车辆未安装森林防火装置的；

（三）森林高火险期内，未经批准擅自进入森林高火险区活动的。

第五十三条　违反本条例规定，造成森林火灾，构成犯罪的，依法追究刑事责任；尚不构成犯罪的，除依照本条例第四十八条、第四十九条、第五十条、第五十一条、第五十二条的规定追究法律责任外，县级以上地方人民政府林业主管部门可以责令责任人补种树木。

第六章　附　　则

第五十四条　森林消防专用车辆应当按照规定喷涂标志图案，安装警报器、标志灯具。

第五十五条　在中华人民共和国边境地区发生的森林火灾，按照中华人民共和国政府与有关国家政府签订的有关协定开展扑救工作；没有协定的，由中华人民共和国政府和有关国家政府协商办理。

第五十六条　本条例自2009年1月1日起施行。